茶風系列

FORMOSA TEA

識

精|彩|圖|文|版

茶

穆祥桐

著

【 序 】

中國向有開門七件事之說，為柴、米、油、鹽、醬、醋、茶。茶，作為國人須臾不可或缺之物，卻也經歷了神奇的經歷。從最初的生活必需品逐漸成為富豪顯宦的享用之物和彼此傳遞感情的高檔禮品，以至於早春的名茶一葉難求，一些茶品相繼登上了商品茶的頂峰。經過歲月的檢驗，茶又逐漸走向了回歸。

我在與朋友相處中，他們不斷地詢問：什麼茶最好？我適合喝什麼茶？經濟條件不好，能喝到好茶嗎？甚至在一次席間，一位畫家問我：我老聽別人講茶的好處，您能講一講飲茶的壞處嗎？其實不瞭解茶性，不注意氣候和自己的體質，盲目飲茶，確實對人有害。可見，讀者對茶知識瞭解的狀況。

摯友李錫東，久有弘揚茶文化之志，多年前就邀我撰寫一些普及而實用的茶學著作。經多方商討，決定分為三書，向讀者介紹有關茶的知識，幫助讀者買到適合自己品飲的茶，

　　幫助大家喝好茶，分別名命為《識茶》、《買茶》、《喝茶》。

　　我國茶品，群星燦爛，自己雖想儘量全面予以介紹，但限於篇幅，加之整個茶產業的飛速發展，本人學識有限，錯漏之處，在所難免。如果大多數讀者看了此書能夠瞭解茶，買到、喝好適合自己的茶，我們的目的也就到達了。

　　近年來，中國茶文化園地百花爭豔，碩果累累，一些師友的著作紛紛湧現。本書的編寫過程中汲取了他們的研究成果，在表示謝意的同時，並希望讀者進一步閱讀他們的著作，以便對中國的茶文化有更深入的瞭解。

　　書稿的錄入工作由弟子孫建承擔，圖片部份由攝影師范毓慶先生提供，特此說明並致謝。

目錄

【第一章】

中國的茶類

中國的茶類

在茶葉生產的歷史中，茶類逐漸增加，不同的時期有著不同的劃分。在唐代，有粗茶、散茶、末茶和餅茶四種；在宋代，有片茶、散茶兩種；在元代，有芽茶、葉茶兩種；至明清時期，我國的六大茶類——綠茶、黃茶、白茶、烏龍茶（青茶）、黑茶和紅茶已經齊全。

上述六大茶類的劃分，是現代茶學家、安徽農學院（今安徽農業大學）著名教授陳椽先生於二十世紀六〇年代，在前人有關茶葉分類的基礎上，根據茶葉品質和製茶方法相結合提出來的。這六大茶類是基本茶類，在此基礎上還有再加工茶類，主要包括花茶、緊壓茶和袋泡茶等。

1、綠茶：稱「不發酵茶」，製作時不經發酵，其茶、湯色、葉底均為綠色，

綠茶。

故名。綠茶是最早出現的茶類，也是中國大陸現在產銷量最大的茶類。據《中國茶業年鑒》統計，二〇一五年中國大陸綠茶產量一百四十九萬四千六百噸，占茶葉總產量的百分之六十六；出口綠茶二十七萬二千一百噸，占茶葉全部出口量的百分之八十四；出口金額十億五百萬美元，占茶葉全部出口金額的百分之七十三；綠茶出口量占世界綠茶出口量的百分之八十以上。

一九九六年赴韓國參加第四屆國際茶文化研討會與部分中國學者合影。站立前排左四為作者。

綠茶加工工藝為：萎凋→殺青→揉撚（或不揉撚）→燥。

現代醫學研究表明，綠茶中所含的葉綠素有降低膽固醇的作用，對脂肪代謝有顯著作用，能分解脂肪，降血脂，對脂肪肝有一定的防治作用。綠茶能減輕動脈硬化的程度，對

冠心病的防治有一定作用，能防治高血壓，減少中風率，對痢疾腸炎也有一定的療效。

一九四五年日本廣島和長崎原子彈爆炸後，茶農、茶商和長期飲茶者受害相對較輕，後經美國和臺灣的科學家的研究，對此現象進行了科學上的解釋，綠茶有一定的防輻射作用。二〇一一年，中國工程院院士郭應祿指出：日本和西方國家科學工作者研究證明，綠茶對癌症的治療有一定作用。中國大陸羅一帆等人發明了「一種防治癌症腫瘤的綠茶藥物及其備方法與應用」專利（專利號 ZL200510036860.1）。

在防治 SARS 時期，著名的營養學家倡議每人每天飲用一定量的綠茶，指出如此可以提高人體的免疫力。但由於綠茶其性偏涼，所以老年人及脾胃寒涼之人，不宜飲用濃釅的綠茶。綠茶還有興奮中樞神經的作用，所以臨睡前亦不宜飲用綠茶。

2、黃茶：屬輕發酵茶，其製造中使用悶黃技術，且因其茶、茶湯、葉底色澤均為黃色，故名。歷史上著名的霍山黃芽，在唐代李肇的《唐國史補》中已有記載，但未見其製法敘述，不知是否即今之霍山黃芽。據《中國茶業年鑒》統計，二〇

一五年中國大陸黃茶產量為五百八十噸。

黃茶的加工工藝為：萎凋→殺青→揉撚→悶黃→燥。

黃茶傳統上的分類是按其選用原料的嫩度和大小分為黃芽茶、黃小茶和黃大茶；在二〇〇八年頒佈的國家標準中則「根據鮮葉原料和加工要求的不同，黃茶產品分為芽型（單芽或一芽一葉初展）、芽葉型（一芽一葉、一芽二葉初展）和大葉型（一芽多葉）三種。」

黃茶在現代生產和銷售中存在一定的問題和機遇。一方面，黃茶因其獨特的加工工藝，成茶品質香氣清悅，味厚爽口，特別是其中茶黃素的保健功能，是其他茶類所不可比的。其茶類中的代表者——君山銀針，在清代即被列為貢品，在商品茶的品飲中具有很高的觀賞價值。另一方面，在消費者中，對黃茶的知識瞭解甚少。特別是在計劃經濟時期，黃茶與綠茶放在一起合併統計，銷售者也將黃茶當作綠茶賣，使得黃茶的生產銷售受到嚴重影響。由於以上諸多因素，一些茶葉生產者便將黃茶

黃茶：君山銀針

的特性弱化，形成黃茶不黃，特別是有的生產者乾脆將傳統的黃茶商品名茶生產為黃茶、綠茶兩類了。再有，產自浙江德清縣的莫乾黃芽、安徽休寧縣的白岳黃芽，雖然都稱黃芽，但其加工方式和品質特徵與黃茶有明顯的不同，它們是綠茶而不是黃茶。上述一些情況，希望消費者在購買時加以注意。

3、白茶：亦屬輕微發酵茶。因其嫩芽嫩葉滿披白色茸毛，故名。為中國特有的茶類。據《中國茶葉年鑑》統計，二〇一〇年中國大陸生產白茶二萬四百噸。由於白茶的主產區——福鼎、政和的重要

茶業企業大多分別獲得歐盟、日本、美國等國家的有機認證，白茶生產、出口不斷
增加。二〇
一〇年，
福建出入
境檢驗檢

疫　局
轄區共檢驗檢疫出口白茶
二百一十六‧四十四噸，金額
一百一十一萬七千美元，主要
輸往德國、美國、日本、荷蘭、
法國、印尼、新加坡、馬來西亞、
瑞士等二十多個國家和地區。

白茶的加工工藝為：萎凋→燥。

白茶的傳統產品包括白毫銀針、白牡

白毫銀針茶餅。

丹、貢眉、壽眉四種，一九六八年又創製出新工藝白茶。二〇〇八年頒佈的國家標準則「根據茶樹品種和原料要求的不同，分為白毫銀針、白牡丹和貢眉三種產品。」同年頒佈的國家標準——《地理標誌產品政和白茶》中則指出：「政和白茶分為：白毫銀針、白牡丹。」需要指出的是，近年來出現的一些名茶如安吉白茶、天目白茶，其加工方式和品質特徵均屬綠茶範圍，消費者購買時應加以區別。

　　白茶對人的生理作用及疾病的輔助治療作用，最早便在產地得到了認識。當地人一直用它治療痘疹。白茶性寒，有清熱解毒的功效。對於上呼吸道的炎症，具有一定的療效，如牙齦腫痛、咽喉發炎等，每日將白茶和冰糖放在一起沖飲，有一定的治療作用。筆者在 SARS 時期，發高燒三十八度，正好家中恰有福鼎裕榮香茶業有限公司老總送來該公司生產的白牡丹，接連用幾天，發揮了一定的退燒作用。

　　近二十年來，國內外學者研究表明，白茶在保護心血管系統、抗輻射、抑菌抗病毒、抑製癌細胞活性等方面具有一定的作用。但不同的白茶品類對人體的作用有所不同，中國預防醫學科學院營養與食品衛生研究所的韓馳研究員告訴筆者，她對福鼎市所提供的白茶試驗結果表明，對人體免疫力

的提高，其作用由高到低依次為白牡丹→白毫銀針→新工藝白茶。

白茶耐存放，且時間越長人們反映其輔助治療的作用越大。因此，市場上時間越長的白茶其價格越貴，這也是消費者需要瞭解的。據筆者瞭解，由於經濟利益的驅動，一些不法茶商在存放白茶的過程中，故意使白茶充分與空氣接觸，從而使其茶及茶湯色澤變黑，以此冒充老白茶。

4、烏龍茶（青茶）：又稱「半發酵茶」，是經過發酵工藝而成綠葉紅鑲邊的茶類，是中國特有的茶類。一般認為始於明末而盛於清初。其發源地有二說：一是閩南安溪，二是閩北武夷山。烏龍茶還可細分為閩南烏龍、閩北烏龍、廣東烏龍和臺灣烏龍。烏龍茶茶青褐色，湯色黃亮，葉底通常為綠葉紅鑲邊，香味芬芳濃醇，因為品種和加工工藝不同，成茶存在一定的差異。據《中國茶業年鑑》統計，二〇一五年中國大陸生產烏龍茶二十七萬三百噸，出口萬五千四百噸，金額四千七百四十八萬美元。

烏龍茶的加工工藝為：萎凋→做青→殺青→揉撚→燥。

烏龍茶園。

烏龍茶是現代最早經科學研究，認為對人類有保健作用的茶類。科學研究表明，烏龍茶具有促進消化和分解脂肪的作用，日本臨床實驗表明，烏龍茶具有降低膽固醇和減肥的功效，對冠心病有一定的防治作用。早期一些減肥茶中就含有一定的烏龍茶成分。烏龍茶在茶類中是含氟量較高的一種。因此，飲用烏龍茶有一定的護齒功效。

烏龍茶。

【第一章 中國的茶類】

5、黑茶：使用含有效成分較多、成熟度較高的茶葉和一定的茶梗為原料，製造過程長期渥堆發酵的茶類，也是中國特有的茶類。因其成茶色澤黑褐或黑色，故名。自唐代開始，中原王朝就熟知茶葉在邊疆少數民族生活中的作用，開始出現了榷茶和茶馬貿易。到了宋代榷茶和茶馬貿易成為定製，一直到清代。開始是蜀茶，後來發展到湖茶，形成了「以茶製邊」的政策。

在封建社會中，茶政、茶法是十分嚴酷的。如明代，「洪武初例，民間蓄茶不得過一月之用」，「駙馬都尉歐陽倫以私茶坐死。」摻入茶中的茶子也要經過炒熟使其不能發芽。可見，對少數民族茶葉的控製何等嚴酷。而邊疆少數民族政權有時為了財政上的需要，甚至製定了「食茶製」。如金泰和六年（西元一二〇六年）「命七品以上官，其家方許食茶，仍不得賣及饋獻。不應留者，以斤兩立罪賞。七年，更定食茶製。」到宣宗元光二年（西元一二二五年），因財政困難，中央對河南、陝西五十餘郡統計，因飲茶「一歲之中妄費民銀三十余萬也」（《明史·食貨志》），「乃至親王、公主及見任五品以上官，素蓄者存之，禁不得賣、饋，餘人並禁之。犯者徒五年，告者賞寶泉一萬貫。」

隨著邊茶供應的發展、細化，逐漸形成了不同產區對應不同地區少數民族的供應。據《明史·食貨志》記載：「定四川茶引五萬道，二萬六千為腹引，二萬四千為邊引。」隆慶三年（西元一五六九年），在原來四川茶引五萬道的基礎上，「裁引萬二千，以三萬引屬黎、雅，四千引屬松蕃諸邊，四千引留內地。」據《清史稿·食貨志》記載，到了清代，「四川有腹引、邊引、土引之分。腹引行內地，邊引行邊地，土引行土司。而邊引又分三道：其行銷打箭爐者，曰南路邊引；行銷松蕃廳者，曰西路邊引；行銷邛州者，曰邛州邊引。」再後來茶葉市場形成後，邊茶專銷更為清晰，如「漢口之茶，來自湖南、江西、安徽，合本省所產，溯漢水以運於河南、陝西、青海、新疆。其輸至俄羅斯者，皆磚茶也。」道光三年（西元一八二三年），諭：「烏里雅蘇台、科布多磚茶不得侵越新疆各城售賣⋯⋯此項磚茶，由歸化城、張家口請領部票納稅而來，已六十餘年⋯⋯嗣後商民每年駄載磚茶一千餘箱，前赴古城，仍照例給票，無許往他處售賣。」道光八年（西元一八二八年），欽差大臣那彥成言：「甘肅官茶，年例應出關二十餘萬封。近來行銷至四五十萬封⋯⋯嗣後每封定價，阿克蘇不得過四兩，喀什噶爾不得過五兩，

並於嘉峪關外及阿克蘇等處設局稽查。」光緒十二年（西元一八八六年），「以山西商人在理藩院領票，詭稱運銷蒙古地方，實私販湖茶，侵銷新疆南北兩路。」

綜合以上史料可以看出，蒙古、新疆、西藏等地，逐漸形成了自己所需的茶品及供應地區。

新中國成立後，中央政府十分重視邊茶的供應。改革開放以後，取消茶葉專賣，一度失去了對邊銷茶的管理，少數民族地區有意見反映到中央。因此，從前幾年開始，國家加強了對邊茶銷售的管理，不但每年召開邊茶工作會議，而且

台灣坪林難得見到的茶園雪景。

湖南黑茶（緊壓茶）

建立了邊茶儲備庫。如四川雅安的吉祥茶廠、雅安茶廠等。

黑茶又可細分為湖南黑茶、湖北黑茶、四川黑茶和滇桂黑茶。黑茶通常作為緊壓茶的原料。因黑茶對人體生理作用明顯，近期黑茶在內地的銷量有明顯增長。據《中國茶業年鑒》統計，二〇一五年，中國大陸生產黑茶十二萬六千三百噸，該類中的普洱茶出口三千二百八十四‧四十四噸，金額三千四百二十三萬六千六百美元。

黑茶的加工工藝為：萎凋→殺青→揉撚→渥堆→燥。

黑茶中的茶複合多糖類化合物，被醫學界認為可以調節體內糖代謝、降低血脂血壓，具有抗血凝、血栓，提高免疫

力的作用。黑茶中的茶黃素是一種有效的自由基清除劑和抗氧化劑，具有抗癌、抗突變、抑菌抗病毒，改善和治療糖尿病等多種生理功能。

實驗表明，黑茶具有降血脂、消滯、開胃、去膩、減肥的功效。四川農業大學茶學系齊桂年教授在中國科學院進行的實驗表明，四川邊茶（又稱藏茶，黑茶的一種）其中的茶褐素，對人體脂肪酸合酶及脂肪細胞的抑製率達百分之九十以上。

6、紅茶：又稱「全發酵茶」，是一種發酵茶，起源於福建崇安縣（今武夷山市）。其乾茶一般呈黑色，湯色紅色，

故名。中國是世界上生產和飲用紅茶最早的國家,在明初,我國就有生產紅茶的文字記載。中國的紅茶生產加工技術及飲用傳播到國外,推動了世界上紅茶的生產、飲用,形成了獨特的飲茶文化。紅茶在六大茶類中是生產波動最大的茶類,從一九四九年至今,紅茶生產起伏變化最大。由最初的「紅改綠」到今天的「紅茶浪潮」,發生了巨大的變化。在世界紅茶的始祖——正山小種的原產地又誕生了金針梅、金駿眉這對名門雙姝。據《中國茶業年鑑》統計,中國大陸二〇一五年紅茶總產量二十萬三千二百噸,出口二萬八千一百噸,出口額二萬六百三十四萬美元。

紅茶的加工工藝為萎凋→揉撚→發酵→燥。

根據茶葉的外形和品質特徵的不同,中國紅茶分為小種紅茶、工夫紅茶和紅碎茶。前兩者因加工費時,工藝複雜,故稱「工夫紅茶」,其外形為條索狀,故又稱「條紅茶」或「紅條茶」;後者外形為細小的顆粒狀或片、末狀。

(《金史》卷四十九,食貨四)據現代科學研究,紅茶中含黃酮類最豐富,一日飲三到四杯紅茶,可避免得心肌梗塞,紅茶對痢疾腸炎,也有一定的療效。常喝紅茶還有預防帕金森病的作用,新加坡的研究人員調查了六萬三千名

四十五〜七十四歲的新加坡居民，發現每個月至少喝二十多杯紅茶的受調查者患帕金森病的幾率比普通人低百分之七十一。西澳大利亞大學的研究人員近期發現，如果每天喝八杯紅茶，對降低血壓具有「顯著的效果」。中國醫學工作者的研究表明：長期、有規律地飲用紅茶，可以顯著地降低血壓。如果推廣到普通人群，「患高血壓的人數就會減少百分之十，患心臟病的風險將降低至百分之七到十。」

紅茶茶葉。

本書作者於野外考察途中。

【第二章】

綠茶

二

綠 茶

在現代劃分的六大茶類中，綠茶的生產歷史最為悠久，在生產區域、品種、產量及消費區域等方面，均居六大茶類之首。

綠茶分類目前有兩種方法，一是按加工方法分類，分為炒青綠茶、烘青綠茶、烘炒綠茶、曬青綠茶和蒸青綠茶等，是目前廣泛使用的分類方法；一是按加工後茶葉的形態分類，分為扁形綠茶、針形綠茶、單芽形綠茶、毛峰綠茶、蘭花形綠茶、曲螺形綠茶和珠粒型綠茶等。現按第一種分類方法，將品類繁多的炒青綠茶、烘青綠茶、烘炒綠茶中具有代表性的歷史名茶予以條例方式介紹，將其他名茶則列表於後進行

品茶。

簡單介紹;而對品類相對少些的曬青綠茶、蒸青綠茶簡單扼要的予以介紹。

（一）炒青綠茶

炒青綠茶是鍋炒殺青、揉撚炒的綠茶。炒青綠茶香氣濃鬱高爽,滋味濃醇厚爽。炒青綠茶因炒製方法不同,形成條、圓珠、扁平、針、螺等不同形狀,因此又可細分為長炒青、圓炒青、扁炒青和特種炒青等類型。唐代詩人劉禹錫在其《西山蘭若試茶歌》最早描述了炒青綠茶;而炒青作為茶名則見於南宋詩人陸游的詩作。炒青綠茶在中國所有茶區都有生產,中國工程院院士、著名的茶學專家陳宗懋主編的《中國茶葉大辭典》中收錄的著名炒青綠茶就達近二百種之多。

炒青綠茶的過程。

1、洞庭碧螺春茶：歷史名茶，是在規定的範圍內，採自傳統茶樹品種或選用適宜的良種進行繁育、栽培的茶樹幼嫩芽葉，經獨特的工藝加工而成，具有「纖細多毫，捲曲呈螺，嫩香持久，滋味鮮醇，回味甘甜」為主要品質特徵的螺形炒青綠茶，創

洞庭碧螺春茶。

於明末清初。洞庭碧螺春茶為地理象徵產品，產地據《地理標誌產品　洞庭（山）碧螺春》（GB/T18957-2008）規定的東山鎮與西山鎮的太湖洞庭山。在洞庭東、西山茶區，茶樹和桃、李、杏、柿、枇杷、梅樹、板栗、楊梅、銀杏、柑橘等果樹混栽間種，花果樹覆蓋率達百分之三十。其樹枝相連，根脈相通，使洞庭茶樹具有天然的果香。該茶味甚香甜，俗呼為「嚇煞人香」。

其名來源有二，一為傳說：很早以前，西洞庭山住著一

碧螺春茶。

位美麗、善良、勤勞的姑娘，名叫碧螺。她與東洞庭山青年阿祥相親相愛。為保護碧螺，阿祥在太湖中與惡龍搏鬥，因流血過多而昏迷。碧螺為救阿祥，採摘茶樹嫩葉泡水給阿祥喝。長此以往，阿祥慢慢恢復了健康，而碧螺因元氣大傷而逝去。阿祥將碧螺遺體埋在洞庭山茶樹邊。以後，茶樹越長越旺，且成茶葉品質優良。為紀念美麗善良的碧螺姑娘，鄉親們便將此茶取名為「碧螺春」。

二為筆記所載其名為康熙皇帝所改。據清王應奎《柳南隨筆》和清顧祿《清嘉錄》所記：洞庭東山碧螺峰有野茶，採茶人因所採茶多而筐不能盛，因放懷中。茶得熱氣，異香

忽發，眾人皆喊「嚇煞人香」。因以為名。康熙己卯歲（西元一六九九年），康熙帝南巡至太湖，巡撫宋犖購此茶以進，上以其名不雅，改名「碧螺春」。前書作者生於康雍間，被譽為「於當代文人事蹟遺聞瑣事記述尤詳，頗有裨於掌故、志乘，至於考證名物，評論詩文，徵引亦詳。」後書作者生於嘉慶、道光年間，該書所記為吳郡之歲時土風，為清代風土雜著的上乘之作。據此，康熙改名之事當屬實。

洞庭碧螺春茶加工工藝為高溫殺青、熱揉成形、搓團顯毫、文火燥等製程。該茶按中國國頒標準分為特級一等、特級二等、一至三級共五個等級。其特級一等品質特徵為：外

宜賓政府茶廠萬畝有機茶園。

形條索纖細、捲曲呈螺、滿身披毫，色澤隱翠鮮潤，勻整，潔淨；內質嫩香清鮮，湯色嫩綠鮮亮，滋味清鮮甘醇，葉底幼嫩多芽、嫩綠鮮活。

洞庭碧螺春茶多次在中國及國外獲獎，主銷北京、天津、上海、廣州等大城市及香港、臺灣地區，外銷日本、美國、新加坡及馬來西亞等國。

2、陽羨雪芽茶：恢復性歷史名茶，為條形炒青綠茶，主產於宜興南部陽羨景區。宜興為古代著名茶區，在唐代陸羽《茶經·八之出》便有記載。《新唐書·地理志》亦有其地貢茶的記載。唐代著名詩人盧仝《走筆謝孟諫議寄新茶》詩中稱道：「天子須嘗陽羨茶，百草不敢先開花。」該茶於西元一九八四年恢復創，二〇一〇年三月獲得中國國家地理象徵產品保護。

其加工作工藝為殺青→輕揉→整形焙。

陽羨雪芽茶分特級、一至三級四個等級。

該茶品質特徵為：外形緊直勻細，色澤翠綠顯毫；內質香氣清雅，湯色清澈，滋味鮮醇，葉底嫩勻完整。

陽羨雪芽茶在中國多次獲獎，主銷北京、天津、上海、廣州等大城市。

陽羨雪芽。

3、西湖龍井茶：歷史名茶，是在規定的範圍內，採自龍井群體等經審查認定的適宜加工的茶樹良種鮮葉，經獨特的加工工藝而成，具有「色綠、香鬱、味醇、形美」為主要品質特徵的扁形炒青綠茶。龍井茶為地理標誌產品，根據《地理標誌產品　龍井茶》（GB/T18650-2008）規定，龍井茶產地範圍包括杭州市西湖區的西湖產區，杭州市蕭山、濱江、余杭、富陽、臨安、桐廬、建德、淳安等縣、市、區的錢塘產區，紹興市紹興、越城、新昌、嵊州、諸暨等縣、市區以及上虞、磐安、東陽、天臺等縣、市部分區域的越州產區。

龍井茶以西湖產區品質最優，歷史也最為悠久。在唐代陸羽《茶經·八之出》中即有記載，西湖所產之茶，在唐代已列為貢品。西湖龍井茶與嗜茶皇帝乾隆有著緊密的聯繫。乾隆皇帝在西元一七五一年、一七五七年、一七六二年

台灣坪林有機茶園。

和一七六五年四次巡幸西湖茶區，先後寫下《觀採茶作歌（前）》、《觀採茶作歌（後）》、《坐龍井上烹茶偶成》和《再遊龍井作》等四首詠龍井茶詩。傳說他在第三次南巡來杭州時，在獅峰山下胡公廟跟著採茶女學採茶。回京後太后肝火太旺，雙眼紅腫，乾隆便將所採茶葉沖泡讓太后飲用，連喝幾杯太后眼疾竟然痊癒。乾隆大喜，便封胡公廟前十八棵茶樹為御茶，年年採上貢。據原西南農業大學著名茶學專家劉勤晉講，原十八棵禦茶樹有的已死，為後人所補種。

在歷史上，西湖龍井茶因產地、炒技術和品質的不同，曾分為「獅」、「龍」、「雲」、「虎」、「梅」五個字號，「獅」字號為龍井獅峰山龍井村一帶所產，「龍」字號為龍井翁家山一帶所產，「雲」字為雲棲、五雲山一帶所產，「虎」字為虎跑一帶所產，「梅」字號為梅家塢一帶所產。現在這五個產區都是龍井茶一級保護區，以獅峰山所產者品味最佳。

西湖龍井茶加工工

西湖龍井茶。

藝為青鍋、攤涼回潮和輝鍋。在炒過程中，運用「抓、抖、搭、拓、捺、推、扣、甩、磨、壓」等十幾種手法，炒出集色、香、味、形於一身的西湖龍井茶。內銷西湖龍井茶分為獅峰特級、梅塢特級、龍井特級、獅峰上級、梅塢上級、龍井上級以及一至六級十二個花色級別；外銷龍井茶分級品、特級、一至五級及龍井片八個花色級別。

西湖龍井的品質特徵：外形似「碗釘」，扁平光滑，色澤翠綠或嫩黃（俗稱糙米色）；內質香氣鮮嫩高長，湯色碧綠明亮；滋味甘鮮醇和，葉底嫩綠，勻齊成朵。

在《地理標誌產品　龍井茶》中，將龍井茶分為特級、一至五級六個花色級別，其中特級龍井茶品質特徵：外形扁平光潤、挺直尖削，色澤嫩綠鮮潤，勻整重實，勻淨；內質清香持久，湯色嫩綠明亮、清澈，滋味鮮醇甘爽，葉底芽葉細嫩成朵、勻齊、嫩綠明亮。

一九四九以後，中國各級領導對西湖龍井茶特別重視，被指定為國禮，因此該茶享有「國茶」之稱。西湖龍井茶在中國和國外多次獲獎，主銷中國各大城市及香港地區，外銷東南亞及西歐地區。

4、金獎惠明茶：也稱惠明茶，歷史名茶，產於浙江景寧的炒青綠茶。相傳唐代畬族老人雷太祖即在該地偏僻之處植茶。據縣誌記載，明成化年間（西元一四六五年～一四八七年），惠明茶即被列為貢品。一九一五年，為紀念巴拿馬運河開鑿成功，美國舉辦巴拿馬萬國博覽會。景寧縣長吳雲森送該縣特產惠明茶參展。惠明茶在博覽會上獲一等獎和金質獎章。後由於種種原因，該茶一度失傳。一九七二年由畬族人恢復製作，因其在巴拿馬萬國博覽會曾獲金獎，故名金獎惠明茶。

品茶茶具。

該茶加工工藝為殺青→揉撚→理條→提毫整形→攤涼→炒等。近年來金獎惠明茶最後的加工工藝由炒乾變為烘，因此應將其劃入烘炒型綠茶中。

金獎惠明茶設特一、特二、特三為高檔名茶，一至二級為中檔名茶，三至四級為低檔名茶。

金獎惠明茶品質特徵：外形肥壯緊結，色澤翠綠顯毫；內質香氣清高持久；湯色清澈明淨；滋味鮮醇；濃而不苦；葉底嫩勻。金獎惠明茶在中國多次獲獎，主銷北京、天津、上海、杭州等城市。

5、瑞草魁茶：又稱橫紋茶、鴉（丫）山茶，恢復性歷史名茶，產於安徽郎溪與宣州、廣德、寧國接壤的鴉山一帶的直條形炒青綠茶。創於唐代，後失傳。鴉山茶，在唐代陸羽《茶經》、五代毛文錫《茶譜》、明代王象晉《群芳譜》中均有著錄，因唐代詩人杜牧在《茶山詩》中有「山石東吳秀，茶稱瑞草魁」之句，故以名之。光緒十四年（西元一八八八年）《宣城縣誌》載：雙峰山「二山對峙，古名丫山，產橫紋茶」；「茶峽蕩，舊產佳產，名瑞草魁，一名橫紋，今久廢，不復種茶。」一九八五年在原產地恢復生產。一九八六年透過評

審鑒定。

瑞草魁加工工藝為殺青→理條做形→烘焙。

瑞草魁分一至三級，其品質特徵：外形挺直略扁、肥碩飽滿，大小勻齊，色澤翠綠，白毫隱現；內質香氣清高，清香持久；湯色淡黃綠；清澈明亮；滋味鮮醇爽口，回味雋厚；葉底嫩綠明亮，均勻成朵。

瑞草魁茶一九八七年被評為安徽名茶，一九九二年獲首屆中國農業博覽會銀獎。該茶主銷北京、上海和江蘇、安徽等地。

6、敬亭綠雪茶：恢復性歷史名茶，產於安徽宣州敬亭山的直條形炒青綠茶。敬亭綠雪茶創於明代，康熙二十一年（西元一六八二年）《宣城縣誌·藝文》中錄有施閏章《敬亭採茶》詩。光緒十四年（西元一八八八年）《宣城縣誌·物產》記載：「敬亭綠雪茶為高品。國朝施閏章《詠綠雪茶》詩：「『酌向青瓷渾不辨，乍疑花氣撲山泉。』今罕見。」施閏章（西元

敬亭綠雪茶。

一六一八年～一六八三年），宣城人，順治進士。據此可知，敬亭綠雪茶大約在清末失傳了。

敬亭綠雪茶名由來有三，一為採茶姑娘綠雪心靈手巧，採茶不用手而用嘴銜。有一次在懸崖邊上採茶，不慎失足而亡。鄉人為紀念她，將敬亭山茶名為「綠雪」。一為將敬亭綠雪茶開湯後，杯中雲蒸霧蔚，浮起團團祥雲，杯中雪花飛落，猶如天女散花，天女即綠雪姑娘。

一為敬亭綠雪沖泡後，杯中朵朵茶葉垂直下沉，隨之白毫翻滾，猶如「綠樹叢中大雪飛」。著名茶學專家陳椽教授考證：「『敬亭』是從宣城敬亭山產地所得名；『綠雪』是指其看綠底披白毫；沖泡後，綠葉徐徐下垂，白毫上下沉浮，可見綠芽叢中白雪飛舞妙景，故冠以『綠雪』之雅稱。」

一九七二年安徽敬亭山茶場研恢復，一九七八年透過審評鑒定，郭沫若先

天柱山天柱峰。

生為其題寫茶名。敬亭綠雪茶加工工藝為殺青、做形、烘焙。該茶品質特徵：形如雀舌，挺直飽滿，色澤翠綠、身披白毫；內質香氣清新持久；湯色清澈明亮；滋味鮮醇爽口；葉底嫩綠成朵。

敬亭綠雪茶與一九八二年和一九八七年分獲得中國部、省級名茶，主銷安徽、江蘇等大中城市。

7、天柱劍毫：又名天柱茶，恢復性歷史名茶，為扁條形炒青綠茶，產於安徽潛山天柱山一帶。天柱茶在唐代就為時人所重。在當時的一些詩文中多有記載。唐代楊華在《膳夫經手錄》中評價：「舒州天柱茶，雖不峻拔遒勁，亦甚甘香芳美，良可重也。」《玉泉子》一書中一則故事反映了唐時對天柱茶的推崇：「昔有人授舒州牧，李德裕謂之曰：『到彼郡日，天柱峰茶可惠三角。』其人獻之數十斤，李不受還。明年罷郡，用意求精，獲數角投之。德裕閱而受曰：『此茶可以消酒食毒。』乃命烹一甌，沃於肉食內，以銀合閉之。詰旦，因視其肉，已化為水，眾服其廣識。」作者用誇張的手法，表達了當時人們對天柱茶的消化功能的認識。

宋代沈括在其《夢溪筆談》中指出：「古人論茶，唯言

【第二章 綠茶】

陽羨、顧渚、天柱、蒙頂」之類，反映至少在宋代，天柱茶便與陽羨、顧渚、蒙頂等貢茶齊名。但是在歷史發展中，天柱茶生產工藝失傳。一九八〇年恢復生產，並根據著名茶學專家陳椽教授建議，命名天柱劍毫。

該茶生產工藝為殺青→炒坯→提毫→烘。

天柱劍毫分一至三級，其品質特徵：外形扁平挺直似劍，色澤翠綠顯毫；內質花香清雅持久；湯色碧綠明亮；滋味鮮醇回甘；葉底勻整鮮嫩。

天柱劍毫在中國多次獲獎，主銷上海及江蘇、湖北、安徽等地。

與天柱劍毫同產自安徽的岳西翠蘭。

8、**休寧松蘿茶**：歷史名茶，為條形炒青綠茶，產於安徽休寧城北松蘿山。其名所由有一傳說：古時休寧有松哥、蘿妹二人上山採藥，為鄉親治病。有一年傷寒痢疾橫行，松哥、蘿妹二人用茶葉、草藥、生薑和食鹽成藥丸讓病人服用，療效顯著。一日，正當兄妹二人施藥治病時，恰遇宮中選美之人，兄妹二人為避免追捕，雙雙跳崖而死。其後，山上出現了涓細泉水，水流之處都長出了茶樹，成茶葉後清香四溢，傷寒痢疾患者飲用數杯不日即愈。鄉人認為茶樹是松哥、蘿妹的化身，故名松蘿茶。

康熙三十二年（西元一六九三年）《休寧縣誌·物產》記載：「邑之鎮山曰松蘿，遠麓為榔源，多種茶。僧得吳人

產自安徽的茶葉。

【第二章　綠茶】

郭第法,遂名松蘿,名噪一時,茶因蹺貴,僧賈利還俗,人去名存。士客索茗,松螺司牧無以應,徒使市肆偽售。」講出休寧松蘿茶的由來及地位。

休寧松蘿茶在明代已盛名遠播,其時的著名茶書——許次紓的《茶疏》、馮時可的《茶錄》均有記載。至明末清初,松蘿茶法已傳至大江南北。屯綠的炒製技術就是從松蘿茶法而來,不過,松蘿茶的技術要求比較嚴格。

休寧松蘿茶品質特徵:外形條索緊卷勻壯,色澤綠潤;內質香氣高爽持久;湯色綠明;滋味濃厚,有橄欖香味;葉底嫩綠。休寧松蘿茶的典型特徵即為色重、香重、味重。

該茶具有較高的藥用價值,清代張璐所著《本經逢原》(西元一六九五年)中載:「徽州松蘿,專於化食。」清代錢守和著作《慈惠小編》中載:「病後大便不通,用松蘿茶三錢,米白糖半鐘,先煎滾,用茶葉煎至一碗服之,即通,神效。」

9、老竹大方茶:也稱竹葉大方茶,歷史名茶,扁形炒青綠茶。因產於安徽歙縣的老竹鋪、三陽坑、金川一帶,故名老竹大方茶。與歙縣毗鄰的浙江臨安也有少量生產。

老竹大方茶生產歷史悠久。民國二十六年（西元一九三七年）《歙縣誌・物產》記載：「舊志載：明隆慶間（西元一五六七年～一五七二年），僧大方住休寧之松蘿山，茶精妙，郡邑師其法——其而售諸國內者，有毛峰、頂谷、大方、雨前、烘青等目。大方以旱（疑應為縣）南有大方山而得名，或雲仿僧之法，故以僧名名之。」

其加工工藝為殺青→揉撚→做坯→拷扁→輝鍋。

老竹大方茶採摘原料以一芽二三葉為主，其品質特徵：外形扁平勻齊，挺直、光滑，和龍井茶相似，但較肥壯，色澤綠微黃似竹葉；內質香氣濃烈，略帶板栗香；湯色淡黃；滋味濃醇爽口；葉底嫩勻而帶黃綠。

老竹大方分六級十二等。頂谷大方茶為大方茶中之極品，採摘原料為一芽二葉初展，其品質特徵為：外形扁平勻齊，挺秀光滑，色澤暗綠微黃，芽藏不露，披滿金色茸毫；內質香氣高長有板栗香；湯色清澈微黃；滋味濃醇爽口；葉底嫩勻而帶黃綠。

老竹大方茶在中國與國外均獲好評，主銷東北、華北、山東地區，少量銷往國外。

10、**湧溪火青茶**：歷史名茶，為腰圓形炒青綠茶，產於安徽涇縣。陳宗懋院士主編的《中國茶經》考證其產生於明代，農業部全國農業技術推廣總站編《中國名優茶選集》則指出湧溪火青茶出現於明末清初。

其加工工藝為殺青→揉撚→炒頭坯→複揉→炒二坯→攤放→掰老鍋→篩分整理等。

湧溪火青茶分三級，其品質特徵為：外形腰圓、緊結重實，色澤墨綠，油潤顯毫；內質香氣馥鬱，清高鮮爽；湯色黃綠，清澈明亮；滋味醇厚，甘甜耐泡；葉底杏黃，勻嫩整齊。

湧溪火青茶多次在中國獲獎，主銷北京、上海、合肥等地，少量銷往國外。

11、**金山時雨茶**：原名金山茗霧，恢復性歷史名茶，為條形炒青綠茶，產於安徽績溪金山一帶。該茶創於清代，後失傳，西元一九七六年恢復生產。因其乾茶形似雨絲，故名。

金山時雨茶加工工藝為殺青→揉撚→炒。

金山時雨茶分為三級，其品質特徵為：外形似雨絲，色澤綠潤，微顯白毫；內質天然花香高長；湯色清澈明亮；滋味醇厚，爽口回甘；葉底嫩綠金黃。

金山時雨茶主銷北京、上海、江蘇、安徽等地。

12、石亭綠茶：又名石亭茶、南安石亭綠，歷史名茶，為炒青綠茶，產於福建南安九日山與蓮花峰一帶。蓮花峰產茶歷史悠久，宋代即有「岩縫茶」，為鬥茶珍品。清朝道光年間（西元一八二一年～一八五〇年），該茶即遠銷海外，並進獻道光皇帝，道光皇帝御賜「上品蓮花」。

石亭綠茶加工工藝為殺青→揉撚→炒。

該茶品質優異，以其「三綠三香」而馳名中外。

其品質特徵為：外形緊結、身骨重實，有「三綠」之美：色澤銀灰顯綠，湯色清澈碧綠，葉底明翠嫩綠；內質香氣芬芳馥鬱，清高持久。隨季節變化，石亭綠茶呈現杏仁香、綠豆香、蘭花香三種香氣。該茶除在中國內銷外，還銷往馬來西亞、新加坡、緬甸和菲律賓等國家。

13、七境堂綠茶：簡稱七境綠，歷史名茶，為條形炒青綠茶，因產於福建羅源縣西部七個自然村，該地每村稱一「境」，七個境共建一廟稱「七境堂」，故名。該地產茶歷史悠久，品質優異。清代七境綠茶即比其他綠茶價格高百分之十五左右。

該茶加工工藝為殺青→揉撚→炒。

其品質特徵為：外形條索細短，色澤油綠微黃、略帶灰色；

內質香氣鮮嫩持久，含自然花香；湯色嫩綠鮮亮；滋味鮮嫩回甘。七境堂綠茶因其品質香高、味濃、色翠、耐泡而被譽為「四絕」，並主銷中國各城市。

14、盧山雲霧茶：歷史名茶。盧山雲霧茶為地理標誌產品。根據《地理標誌產品　盧山雲霧茶》（GB/T21003—2007）在九江市的盧山風景區，盧山區、星子縣及九江縣的部分產茶鄉鎮，「選用當地群體茶樹品種或具有良好適性的良種進行繁育、栽培，經獨特的工藝加工而成，具有『茶綠潤、湯色綠亮、香高味醇』為主要品

質特徵」的條形炒青綠茶。

　　盧山產茶歷史悠久。傳說以前盧山居住著趙、王、劉、李、呂五戶茶農，他們居住在盧山的大山洞裡，在山坡上種茶、茶。因為該地氣候濕潤，雲霧繚繞，茶樹長得特別好，所的茶葉品質優異。後人便將這五戶茶農種茶的山峰叫「五老峰」，將其居住的山洞稱「五老洞」，將其生產的茶葉叫「雲霧茶」。

　　大詩人白居易於元和年間（西元八〇六年～八二〇年）曾在盧山辟園植茶，並寫下了數篇有關盧山茶

綠茶種植園。

的詩。據歷史文獻記載，自宋至清，廬山茶有很大的發展，成為當地人民的主要經濟來源。

廬山雲霧茶加工工藝為殺青→揉撚→複炒→理條→搓條→揀剔→提毫→烘。

該茶分特級、一至三級共四個等級。

特級品質特徵：外形條索緊細顯鋒苗，色澤綠潤，勻齊，潔淨；內質清香持久；湯色嫩綠明亮；滋味鮮醇回甘；葉底細嫩勻整。一級品質特徵：外形條索緊細有鋒苗，色澤尚綠潤，勻整，淨；內質清香；湯色綠明亮；滋味醇厚；葉底嫩勻。

在廬山採收茶葉的老婦。

廬山雲霧茶在中國多次獲獎，主銷南昌、上海、北京、武漢、長沙及山東部分城市和港、澳、臺地區，外銷日本、朝鮮、法國、英國、美國和東南亞地區。

15、松滋碧澗茶：又名碧澗茶，恢復性歷史名茶，為條形炒青綠茶，產於湖北松滋。松滋產茶歷史悠久，唐代張籍在其《送枝江劉明府》詩中就有對碧澗茶的描述：「定訪玉泉幽院宿，應過碧澗早茶時。」在宋代的地理文獻和《宋史・地理志》中，都有碧澗茶作為土貢的記載。該茶於西元一九四九年前瀕於滅絕，一九八四年恢復生產。

該茶加工工藝為殺青→搓揉→做形→炒。

松溪碧澗茶分為特級、一級、二級三個等級，該茶品質特徵為：外形條索緊秀圓直，色澤翠綠顯毫；內質清香持久；湯色碧綠明亮；滋味甘醇；葉底嫩綠勻整。

該茶在湖北省內多次獲獎，主銷武漢、北京、上海等城市。

16、古勞茶：歷史名茶，為針形炒青綠茶，產於廣東鶴山市古勞區，故名。古勞產茶歷史悠久。（乾隆）《鶴山縣誌》載：古勞茶「味匹武夷而帶芳」。據古勞麗水人傳說，宋代

安徽岳西翠蘭。

有一男一女從福建武夷山來到古勞麗水石岩頭居住，他們帶來茶種種植茶樹，所茶葉清熱解暑，醫治百病。他們死後，麗水人選一對石像以為紀念。石岩頭現存數株老茶樹，品質特優，據說是二人當年所植，所有古勞茶也都是由這些老茶樹繁殖的。

古勞茶加工工藝為殺青→揉撚→初炒→做條→攤涼→焙。

廣義古勞茶分為三種：高級古勞銀針、古勞銀針、古勞茶。

高級古勞銀針，又稱雀舌茶，長針狀，毫顯；古勞銀針，又稱豆豉粒，圓鉤型，色深綠，稍顯毫；古勞茶，形狀圓緊，色青綠帶褐。

古勞茶主銷廣東及港澳地區，外銷東南亞各國。

17、**梅縣清涼山茶**：又名清涼山綠茶、鳥舌茶、穀殼茶；歷史名茶，為條形炒青綠茶，產於廣東梅縣清涼山。據歷史文獻記載，梅縣宋代即產茶，明清時期清涼山茶已成為名茶。

梅縣清涼山茶加工工藝為殺青→揉撚→燥。

該茶分為一級至五級五個等級。

梅縣清涼山綠茶品質特徵：外形條索緊結勻整，色澤銀綠有光；內質香氣清香，馥鬱持久；湯色嫩綠，清澈明亮；滋味鮮醇，甘滑爽口，耐沖泡；葉底柔軟嫩綠。梅縣清涼山茶，因品質優異而深受東南亞華僑的讚賞。該茶主銷中國廣東，外銷東南亞地區。

18、**開山白毛茶**：恢復性歷史名茶，為條形炒青綠茶，產於廣西賀州開山，故名。賀州產茶歷史悠久，明代就有茶葉生產。據文獻記載，乾隆年間，開山白毛茶始被人工移植栽培。據說乾隆下江南，到桂林的「和尚茶店」品嘗賀縣開山白毛茶，稱讚道：「妙！妙極了！真是一品開山茶，天下無佳茗啊！」由於其茶品質優異，在清代，廣東、湖南、福建的茶商均來採購。二十世紀四〇年代，開山白毛茶一度失傳。西元一九六〇年賀縣發展開山白毛茶，努力恢復和提高

開山白毛茶的傳統炒製方法。

開山白毛茶加工工藝為殺青→揉撚→炒乾→搓條提毫→足火。

該茶分特級、一至六級七個等級。

開山白毛茶品質特徵：外形條索緊細勻整，呈螺形捲曲，色澤翠黃嫩綠顯毫；內質香氣清純持久，有蘋果香；湯色黃綠清澈；滋味鮮醇回甘；葉底嫩黃完整。

開山白毛茶在中國多次獲獎，行銷廣東、湖南、廣西等地區。

獅峰龍井。

【第二章　綠茶】

19、雞鳴貢茶：恢復性歷史名茶，為扁形炒青綠茶，主產於中國重慶城口雞鳴寺一帶，因其歷史上曾為貢茶，故名。雞鳴寺始建於東漢，據碑文記載，寺院後有一茶園，茶樹為明時所植，經寺僧精心培育、採製，雞鳴寺茶「較他處諸茶細嫩」，「其味清香，愈於凡品。」到清朝咸豐年間，雞鳴寺茶列為貢茶，至今，清代貢茶印模尚存。

道光甲辰年（西元一八四四年）《城口廳志・古跡》亦載：古茶園「在八保雞鳴寺後。相傳自明以來，即為茶園，茶樹皆明時植。所產之茶，較他處茶細嫩，又獨早，其味清香，愈於凡品，廳屬多產茶，以是處為佳。」該茶一度失傳，一九八六年恢復生產。

雞鳴貢茶加工工藝為青鍋→攤涼→篩分→輝鍋。

雞鳴貢茶有四個花色品種：雞鳴貢茶（扁形極品茶）、白鶴井（扁形特級茶）、雞鳴寺院茶（捲曲形一級茶）、雞鳴茶（條形二級茶）。

雞鳴貢茶品質特徵為：外形扁平滑直，色澤翠綠；內質栗香持久；湯色碧綠明亮；滋味鮮醇爽口；葉底黃綠明亮，芽葉勻整。

雞鳴貢茶在中國多次獲獎，主銷重慶、成都、武漢、西

安等城市。

20、**貴定雲霧茶**：恢復性歷史名茶，為捲曲形炒青綠茶。創製於清代，一度失傳，一九七八年恢復生產。產於貴州貴定雲霧山。因成茶外形彎曲如魚鉤，又名貴定魚鉤茶。據歷史文獻記載：貴定縣北十里陽寶山，山頂產茶，謂之雲霧茶，為全省產茶之冠，歲以出貢。由於該茶品質優異，在封建社會時茶稅尤重，人民不堪重負，於乾隆五十五年（西元一七九一年）將整個茶山之茶樹用開水燙死。現在雲霧山的關口寨尚存為此事而立的石碑，上面規定：「該處之貢茶及敬茶勷交，其餘所生茶准行停止，以免採辦之累。」

貴定雲霧茶加工工藝為殺青→搓團→初焙→攤涼→焙。

貴定雲霧茶品質特徵為：外形勻稱如魚鉤狀，色澤微黃綠，特別顯毫；內質香氣高長；湯色清澈；滋味醇厚回甘；葉底明亮。

貴定雲霧茶在中國多次獲獎，行銷中國部分城市。

21、**都勻毛尖茶**：也稱魚鉤茶，恢復性歷史名茶，為捲曲形炒青綠茶，產於貴州都勻市團山一帶。創製於明清之間，一度失傳，一九六八年恢復生產。民國十四年（西元

一九二五年）《都勻縣誌稿》記載：「團山，位縣城西南二十七里，產茶最佳。」「茶，四鄉多產之，產水箐山者尤佳，以有密林防護也。（民國四年，巴拿馬賽會曾得優獎。）輸銷邊粵各縣，遠近爭購，惜少產耳。自清明節至立秋，並可採。穀雨前採者曰雨前茶，最佳，細者曰毛尖茶。」

都勻毛尖茶加工工藝為殺青→鍋揉→做形→焙。

都勻毛尖茶外形可與洞庭碧螺春茶媲美，因此有不法茶商用都勻毛尖茶假冒碧螺春茶牟利。該茶品質特徵為：外形條索捲曲勻整，色澤綠潤，白毫顯露；內質香氣清嫩；湯色清澈；滋味鮮濃，回味甘甜；葉底嫩綠勻齊。

都勻毛尖茶在中國多次獲獎，主銷中國各大城市及香港地區，外銷日本、德國、美國。

都勻毛尖。

獅峰龍井。

　【第二章　綠茶】

22、湄江翠片茶：又稱湄江茶，歷史名茶，為扁形炒青綠茶，創製於西元一九四〇年。抗日戰爭爆發後，一九三九年九月在貴州湄潭縣城南門外建立「中央農林部中央農業實驗所湄潭實驗茶場」。該場仿西湖龍井茶作湄江茶。

湄江翠片茶加工工藝為殺青→攤放→二炒→再攤→輝鍋。

湄江翠片茶分特級、一至三級四個等級，該茶品質特徵：外形扁平、挺直光滑，色澤翠綠，油潤有光；內質香氣清高持久，嫩香顯著；湯色黃綠明亮；滋味甘醇爽口，回味濃厚；葉底嫩綠明亮，勻齊完整。

湄江翠片茶在中國多次獲獎，行銷中國各大中城市及港澳地區。

23、宜良寶洪茶：歷史名茶，為扁形炒青綠茶，產於雲南宜良寶洪山。宜良產茶歷史悠久，據學者考證，唐代曾於寶洪山建相國寺，由開山和尚從外省引種茶樹，成為寶洪山著名物產。明代，相國寺改名寶洪寺。民國六年（西元一九一七年）《路南縣誌》記載：「寶洪茶，產北區寶洪山附近一帶，其山，宜良、路南各有分界。……清明節採者為上品，至穀雨後採者稍次。性微寒，而味清香，可除濕熱，

兼能寬中潤腸，藏之愈久愈佳。回民最嗜。路屬所產，年約萬餘斤，上品價每斤約五角餘。」寶洪茶一九四六年仿照西湖龍井工藝生產，改名宜良龍井，一九七六年改今名。

宜良寶洪茶分一至三級三個等級，該茶品質特徵為：外形扁平尚勻，色澤青綠勻整；內質香氣鮮嫩清高；湯色黃綠明亮；滋味鮮嫩爽口；葉底細嫩多芽，黃綠勻亮。

宜良寶洪茶在中國多次獲獎，主銷昆明、北京、上海及江蘇、浙江等地區。

24、大關翠華茶：歷史名茶，為扁形炒青綠茶，產於雲南大關翠屏山麓的翠華寺。創製於明代，原為佛家朝拜峨嵋山時的貢品。據縣誌記載，該茶曾在巴拿馬萬國博覽會獲獎。

該茶加工工藝為殺青→整形→輝鍋炒乾。

大關翠華茶品質特徵為：外形扁平滑直，色澤黃綠光潤；內質香氣清鮮馥鬱，湯色清澈明亮，滋味鮮醇爽口，葉底嫩勻綠亮。

大關翠華茶在中國多次獲獎，主銷昆明、江蘇地區。

其他炒青綠茶表

名稱	產地	品質特徵
南京雨花茶	南京市郊區、江寧、溧水、高淳、六合、江浦、金壇	外形似松針，條索緊細圓直、鋒苗挺秀，色澤綠潤，白毫顯露；內質清香高長；湯色嫩綠明亮；滋味鮮醇爽口；葉底嫩綠明亮。
茅山青峰茶	江蘇金壇	外形條索略扁挺直、勻整光滑、鋒苗顯露、身骨重實，色澤綠潤；內質香氣高爽；湯色清澈明亮；滋味鮮爽醇厚；葉底嫩綠均勻。
無錫毫茶	江蘇無錫	外形捲曲似螺，色澤綠翠肥壯，白毫披露；內質香高濃味濃；湯色嫩綠明亮；滋味醇厚鮮爽；葉底肥嫩。
金山翠芽茶	江蘇鎮江	外形扁平挺削，色澤翠綠顯毫；內質香高持久；湯綠明亮；滋味濃醇；葉底肥勻嫩綠。
金壇雀舌茶	江蘇金壇	外形條索勻整、扁平挺直、狀如雀舌，色澤綠潤；內質香氣清高；湯色明亮；滋味醇爽；葉底明亮，嫩勻成朵。
水西翠柏茶	江蘇溧陽	外形條索扁平，色澤翠綠，外形似翠柏；內質清香、幽雅持久，湯色清澈明亮；滋味醇厚鮮爽；葉底黃綠，明亮嫩勻。
黃山松針茶	安徽黃山	外形緊細、圓直略扁、挺秀如針，色澤綠潤，白毫顯露；內質香氣鮮爽，栗香幽長；湯色清澈綠明；滋味鮮醇。
天山真香茶	安徽旌德	外形挺直略扁、肥壯重實，色澤翠綠顯毫；內質濃鬱花香；滋味醇香，回味甘甜，留香持久；葉底黃綠勻亮。

天華穀尖茶	安徽太湖	外形似穀芽，色澤綠潤；內質清香持久；湯色碧綠；滋味鮮爽；葉底勻整，嫩綠明亮。
白雲春毫茶	安徽廬江	外形直挺微扁、形似雀舌，色澤綠潤顯毫；內質清香持久；湯色綠黃明亮；滋味鮮醇回甜；葉底黃綠勻齊，芽葉肥壯完整。
香山雲尖茶	安徽東至	外形扁平挺直、大小勻齊、形似雀舌，色澤翠綠；內質香高持久；湯色清澈；滋味鮮醇；葉底綠明。
祠崗翠毫茶	安徽廣德	外形似芽、肥壯勻齊，色澤翠綠，白毫滿披；內質毫香顯長；湯色淺綠明亮；滋味鮮爽甘味；葉底嫩黃，芽形肥壯。
貴池翠微茶	安徽貴池	外形挺直略扁，色澤翠綠顯毫；內質嫩香高長；滋味鮮醇爽口，有花香。
雪峰白毛猴茶	福建福州	外形肥壯彎曲，色澤銀綠隱翠，披白茸毛；內質香高清幽；湯色清澈碧綠；滋味醇爽回甘；葉底柔嫩勻綠。
狗牯腦茶	江西遂川	外形條索細緊、微捲整齊，色澤綠潤，勻整，潔淨；內質清香持久；湯色黃綠明亮；滋味鮮濃爽口，回味甘爽悠長；葉底黃綠勻整。
上饒白眉茶	江西上饒	外形壯實，白毫顯露；內質香氣清高；湯色明亮；滋味鮮醇；葉底嫩勻。
大漳山雲霧茶	江西婺源	外形條索緊細重實，色澤翠綠光澤；內質香氣鮮嫩，高爽持久；湯色碧綠清澈；滋味鮮爽醇厚，耐沖泡；葉底嫩綠，勻整明亮。

靈岩劍峰茶	江西婺源	外形扁平、勻直光滑，色澤翠綠；內質香氣濃厚，清幽持久；湯色綠亮；滋味鮮爽；葉底綠嫩勻亮。
婺源茗眉茶	江西婺源	外形彎曲似眉、緊結，色澤翠綠，銀毫滿披；內質香氣鮮濃持久；湯色清澈明亮；滋味鮮爽醇厚、回甘；葉底幼嫩，嫩綠明亮。
攢林茶	江西永休	外形條索渾圓、鋒苗挺直，白毫顯露；內質香氣鮮嫩持久；湯色清亮；滋味醇厚回甘；葉底嫩綠。
浮來青茶	山東莒縣	外形彎曲，細緊顯毫，色澤翠綠油潤；內質清香誘人；湯色黃綠明亮；滋味濃醇甘爽，栗香高長；葉底嫩綠鮮活。
日照雪青茶	山東日照	外形條索緊密，色澤翠綠，白毫顯露；內質香氣持久；湯色黃綠明亮；滋味鮮爽，有板栗香，耐沖泡。
碧綠茶	山東日照	外形捲曲纖細，色澤翠綠，白毫顯露；內質香氣高爽持久；湯色黃綠明亮；滋味鮮濃醇厚；葉底翠綠勻齊。
海青峰茶	山東膠南	外形扁平光滑、緊實如劍顯鋒，色澤翠綠明亮，白毫密集；內質嫩香馥鬱；湯色黃綠，清澈明亮；滋味爽口，回味甘甜；葉底勻齊。
龍眼玉葉茶	河南新縣	外形扁平、尖削似玉葉，光滑挺秀，色澤米黃，白毫成球似龍眼、大小勻齊；內質香高持久馥鬱；湯色清澈明亮；滋味甘醇爽口；葉底勻嫩成朵。

龜山岩綠茶	湖北麻城	外形條索圓直，色澤油綠，白毫顯露；內質香氣濃鬱持久；湯色清澈；滋味醇厚回甜；葉底嫩勻明亮。
鄂南劍春茶	湖北咸寧	外形扁平挺直、尖削似劍，芽峰顯露，色澤翠綠、邊緣微黃，油潤光滑，多茸球；內質香氣清鮮持久；湯色嫩綠明亮；滋味醇厚甘爽；葉底嫩綠，明亮成朵。
安化松針茶	湖南安化	外形細直秀麗、狀似松針，色澤翠綠勻整，白毫顯露；內質香氣馥鬱；湯色清澈明亮；滋味甘醇；葉底嫩勻。
古丈毛尖茶	湖南古丈	外形緊細、秀麗圓潤，色澤翠綠，白毫滿披；內質香氣鮮嫩高銳、有板栗香；湯色黃綠清澈；滋味醇爽，回味甘甜；葉底嫩勻明亮。
古洞春芽茶	湖南桃源	外形條索緊直肥碩，白毫滿披隱翠；內質香氣高鮮持久；湯色杏綠明亮；滋味醇厚鮮爽；葉底嫩綠鮮活。
白沙綠茶	海南白沙	外形緊結細直，色澤綠潤有光；內質香氣清高持久；湯色黃綠明亮；滋味濃厚甘醇，耐沖泡。
峨眉山竹葉青茶	四川峨眉山	外形扁平、挺直似竹葉，色澤嫩綠油潤；內質香氣高鮮持久；湯色黃綠明亮；滋味鮮濃爽口；葉底嫩黃明亮。
文君綠茶	四川邛崍	外形條索緊細，捲曲披毫，色澤翠綠油潤；內質嫩香濃鬱；湯色碧綠清澈；滋味鮮爽甘醇；葉底嫩綠，勻整鮮亮。

梵淨山翠峰茶	貴州印江	外形扁平直滑,形似雀舌,色澤隱翠;內質清香持久;湯色明亮;滋味鮮醇。
梵淨雪峰茶	貴州印江	外形捲曲似螺,滿披茸毫,酷似雪花;內質清香持久,湯色明亮,滋味鮮醇。
貴定雪芽茶	貴州貴定	外形緊細捲曲,色澤綠潤,白毫顯露;內質香鬱持久;湯色綠亮;滋味鮮爽回甘;葉底細嫩勻齊。
東坡毛尖茶	貴州黃平	外形條索緊細、捲曲成螺,銀毫披露;內質香氣鮮爽;湯色翠綠;滋味鮮醇爽口,回味甘醇;葉底嫩綠,肥軟明淨。
遵義毛峰茶	貴州湄潭	外形緊細圓直、鋒苗顯露,色澤翠綠潤亮,白毫滿披;內質嫩香持久;湯色碧綠明淨;滋味鮮爽清醇;葉底嫩綠鮮活。
龍泉劍茗	貴州湄潭	外形顯芽肥壯,色澤嫩綠似劍,茸毫披露;內質香氣嫩香;湯色嫩綠明亮;滋味鮮爽柔和;葉底肥嫩,全芽嫩綠。
雲霧翠綠茶	貴州雷山	外形條索肥壯緊實、勻整稍彎曲,色澤墨綠光潤,顯毫;內質嫩香高長持久;湯色黃綠明亮;滋味鮮濃回甘;葉底肥厚,嫩勻露芽。
墨江雲針茶	雲南墨江	外形條索緊直似針,色澤墨綠油潤;內質香氣清鮮馥鬱;湯色黃綠明亮;滋味鮮醇爽口;葉底嫩綠勻亮。
碧峰雪芽茶	甘肅文縣	外形條索細緊,色澤嫩綠;內質香高味醇;湯色綠明,耐沖泡。

三峽龍井茶	臺灣台北	外形細緊扁平，呈劍片狀，芽尖毫多，色澤碧綠油潤；內質香氣清醇自然；茶湯黃綠明亮；滋味醇和甘甜。
三峽碧螺春茶	臺灣台北	外形纖細捲曲，色澤碧綠，芽尖毫多；內質清香鮮雅；茶湯碧綠清澈，鮮活爽口。

（二）烘青綠茶

烘青綠茶，亦稱「烘青」，是用烘焙方式進行燥成的綠茶，中國各產茶省份均有生產。烘青綠茶外形不如炒青綠茶光滑緊結，但一般條索完整，常顯鋒苗。烘青綠茶根據原料的老嫩和作工的不同，可細分為普通烘青綠茶和細嫩烘青綠茶兩種。前者一般不直接飲用，常用作窨製花茶的茶坯；後者直接飲用，且有不少名優茶品種。烘青綠茶產品亦較多，《中國茶葉大辭典》即著錄其名茶一百八十餘種。

1、**徑山茶**：又名徑山香茗，恢復性歷史名茶，烘青綠茶，產於浙江余杭市徑山，故名。徑山茶創始於唐代，聞名於兩宋，後一度失傳，一九七八年恢復生產。據《余杭縣誌》記載：唐天寶元年（西元七四二年），徑山寺開山祖師法欽曾經手植茶樹數株，成用於供佛，「逾年蔓延山谷，其味鮮芳，特異他產，今徑山茶是也。」宋代吳自牧《夢粱錄》中記載：「徑山採穀雨前茗，用小缶貯饋之。」反映宋代徑山茶已成為往來饋贈之禮品。

徑山寺不但創製了歷史上一大名茶，而且在中國茶文化對外傳播上發揮了重大作用。宋端平二年（西元一二三五

年）日本聖一國師圓爾辨圓到徑山寺留學，淳佑元年（西元一二四一年）回國。他帶回了徑山的茶籽，並傳播中國的種茶、製茶方法和徑山寺的「抹茶」製法及「茶宴」儀式，促進了日本茶業的興起。

宋開慶元年（西元一二五九年）日本東福寺大應國師南浦紹明留學中國，咸淳元年（西元一二六五年）到徑山寺學習。咸淳三年南浦紹明回國，他帶著一套茶器和七部茶典回國，並傳播徑山寺的「點茶法」與「茶宴」禮儀，促進了日本茶道的興起。

徑山茶加工工藝為殺青→攤涼→初烘→攤涼→烘。

徑山茶分特一、特二、特三三個等級。

徑山茶品質特徵：外形細嫩，緊結顯毫，色澤翠綠；內質嫩香持久；湯色嫩綠明亮；滋味甘醇爽口；葉底細嫩，勻淨成朵。

徑山茶在中國多次獲獎，主銷北京、上海及浙江、江蘇及香港、臺灣地區，少量銷往國外。

2、鳩坑毛尖茶：古稱「睦州鳩坑茶」，恢復性歷史名茶，產於浙江淳安的烘青綠茶。據光緒十年（西元一八八四年）

《淳安縣誌‧山川》記載：「鳩坑，在黃光潭，對潤二坑，分繞鳩嶺。地產茶，以其水蒸之，色、香、味俱臻妙境。」鳩坑茶歷史悠久，據唐李肇《唐國史補》和《新唐書‧地理志》記載，該茶在唐代即作為名茶入貢，范仲淹等歷史上的著名詩人都曾吟詠過它。鳩坑毛尖茶一度失傳，西元一九七九年恢復生產。

其加工工藝為炒製→殺青→揉撚→烘二青→整形→焙。

毛尖茶。

鳩坑毛尖茶分為特一、特二、特三、一級、二級共五個等級。

該茶品質特徵：外形碩壯、緊結挺直，色澤翠綠，銀毫顯露；內質香氣清高、雋永持久；湯色嫩黃，清澈明亮；滋味濃厚、鮮爽耐泡；葉底黃綠，厚實勻齊。

鳩坑毛尖茶在中國曾多次獲獎，主銷浙江、江蘇、山東等地。

3、建德苞茶：亦稱「嚴州苞茶」，恢復性歷史名茶，產於浙江建德的烘青綠茶。因其狀似蘭花含苞欲放，故名。建德苞茶創製於清朝同治九年（西元一八七○年），後一度失傳，一九七九年恢復生產。建德產茶歷史悠久，據學者研究，其地漢代即已產茶，據民國九年（西元一九二○年）《建德縣誌・食貨・土貨》記載：「茶業，歲出約一百五十萬斤。」

建德苞茶加工工藝為殺青→揉撚→理條→初烘→整形→複烘。

建德苞茶分為「頂苞」和「次苞」兩種。其品質特徵：外形肥壯，色澤嫩綠，銀毫顯露；內質嫩香持久；湯色嫩綠明亮；滋味鮮醇回甘；葉底綠嫩明亮，芽葉成朵。

該茶在中國多次獲獎，主銷上海、南京、蘇州、天津等市及山東、安徽等地。

　　4、黃山毛峰茶：歷史名茶，屬於地理標誌產品，根據《地理標誌產品－黃山毛峰茶》（GB/T19460-2008），「現安徽省黃山市管轄的行政區域內屯溪區、黃山區、徽州區、歙縣、休寧縣、祁門縣、黟縣的產茶鄉鎮」，「選用黃山種、櫧葉種、滴水香、茗洲種等地方良種茶樹和從中選育的良種茶樹的芽葉，經特有的加工工藝作而成，具有『芽頭肥壯、香高持久、滋味鮮爽回甘、耐沖泡』的品質特徵」的烘青

黃山毛峰茶葉。

綠茶。

　　黃山產茶歷史悠久，據《徽州府志》記載：「黃山產茶始於宋之嘉祐（西元一○五六年～一○六三年），興於明之隆慶（西元一五六七年～一五七二年）。」明代黃山毛峰便列為名茶之列，受到讚譽。明代許次紆《茶疏》載：「天下名山，必產靈草……若歙之松蘿，吳之虎丘，錢塘之龍井，香氣濃鬱，並可雁行，與岕頡頏。往郭次甫亟稱黃山。」

　　日本歷史上對飲茶推廣貢獻最大的榮西禪師，曾於宋道四年（西元一一六八年）和淳熙十四年（西元一一八七年）兩次來中國，他用漢文寫了一部著名的《吃茶養生記》，其中講到：「黃山茶養生之仙藥也，延年之妙術也。」

　　關於黃山毛峰茶，歷史上有許多的民間傳說，《黃山旅遊文化大辭典》記載的一則民間傳說講述了黃山毛峰茶名稱的來歷：古代黃山腳下有一獵人，養著一隻毛猴。毛猴有靈性，會人語。有一天毛猴與主人外出狩獵，見主人看著懸崖

　　【第二章　綠茶】

峭壁上的茶樹，便對主人說：「那是我祖先種植的一顆提神樹，樹葉不但能充饑，而且泡水喝會解乏。」毛猴為主人採了一衣兜的茶葉。老獵戶將茶葉製好後，沖泡後滿室生香，飲後香氣滿口，渾身生勁，心舒眼明。老獵戶遂將此稱為「毛峰茶」。

黃山毛峰茶加工工藝為殺青→揉撚→烘焙。

黃山毛峰茶分特級一等、特級二等、特級三等、一至三級共六個等級。

黃山毛峰。

其特級一等品質特徵：外形芽頭肥壯、勻齊、形似雀舌，色澤嫩綠泛象牙色，毫顯，有金黃片；內質嫩香馥鬱持久，湯色嫩綠、清澈鮮亮，滋味鮮爽醇甘，葉底嫩黃、勻亮鮮活。一級品質特徵：外形芽葉較肥壯、較勻整、條微卷，色澤綠潤，勻齊隱毫；內質清香，湯色嫩黃綠亮，滋味鮮醇，葉底黃綠亮，較嫩勻。

黃山毛峰。

黃山毛峰茶在中國多次獲獎，一九八六年被選定為外事活動禮品茶，主銷華東、華北、東北等地區。

5、紫霞貢茶：恢復性歷史名茶，產於安徽黃山市徽州區的直條形烘青綠茶。據《徽州府志》記載：紫霞茶創於明弘治十五年（西元一五○二年）。清朝乾隆元年（西元一七三六年）《江南通志‧食貨志‧物產》記載：「紫霞茶，出歙縣紫霞山，色香清幽如蘭。新安家家製茶，以此品為最。」清朝道光（西元一八二一年～一八五○年）、光緒（西

元一八七五年～一九〇八年）年間曾為貢品，故名。後一度失傳，一九九一年恢復生產。

紫霞貢茶加工工藝為殺青→初烘→複烘。

紫霞貢茶分為特級、一級、二級共三個等級。該茶品質特徵：芽壯似矛，色澤淡綠，身披茸毫；內質毫香高長；湯色明亮；滋味鮮醇。

紫霞貢茶在中國多次獲獎，主銷北京等大城市。

6、六安瓜片茶：歷史名茶，產於安徽六安市境內茶區，經扳片或採片得到的原料，透過獨特的傳統加工工藝成的形似瓜子的片形烘青綠茶，該茶創製於清末，其產生歷史傳說有二。一說為西元一九〇五年前後，六安某茶行評茶師，從收購的上等綠大茶中專揀嫩葉摘下，不要老葉和茶梗，在市場上獲得好評。另一家茶行受到啟發，在靠近齊頭山（一名齊雲山）的後沖，把採收的鮮葉直接去梗，並分別老嫩炒製。這種茶葉形如葵花子，遂稱「瓜子片」，後簡稱「瓜片」。

另一說為瓜片茶區的麻埠附近有一姓祝的財主，與袁世凱為親戚，為取悅於袁，於西元一九〇五年前後在後沖專採春茶的第一、二片嫩葉，用刺茅的花穗紮成小帚精心炒製，

炭火烘焙。此茶形質俱佳，獲得袁世凱讚譽，於是瓜片蜚聲遐邇。

六安瓜片茶根據產地分為內山瓜片茶和外山瓜片茶，金寨縣齊頭山所產六安瓜片茶品質最優，被稱為「齊山名片」。

六安瓜片茶按部頒行業標準（NY/T781-2004）分為特一、特二、一至三級五個等級，其特一品質特徵：外形瓜子形、平伏、勻整，色澤寶綠，上霜，顯毫，無漂葉；內質清香高長；湯色嫩綠，清澈明亮，滋味鮮爽回甘，葉底嫩綠、鮮活勻整。一級品質特徵：外形瓜子形、勻整，色綠，上霜，無漂葉；內質清香；湯色黃綠明亮；滋味鮮醇；葉底黃綠勻整。

六安瓜片茶在中國多次獲獎，行銷北京、合肥等地。

7、太平猴魁茶：歷史名茶，屬於地理標誌產品，根據《地理標誌產品　太平猴魁茶》（GB/T19698-2008）規定，在「安徽省黃山市黃山區（原太平縣）現轄行政區域」，「選用柿大茶為主要茶樹品種的茶樹鮮葉為原料，經傳統工藝成，具有『兩葉一芽、扁平挺直、魁偉重實、色澤蒼綠、蘭香高爽、滋味甘醇』品質特徵」的尖形烘青綠茶。

太平猴魁茶創製於清末。太平猴魁茶之名有一傳說：黃

山有一對白毛老猴來太平尋子病倒，被茶農王老二發現救治，轉危為安。老猴為報答王老二，便領群猴幫助上樹採茶。茶商聞訊趕來收購，稱其為「猴茶」，又因王老二加工的茶葉品質最優，故稱「猴魁」。

安徽岳西翠蘭。

太平猴魁茶的加工工藝為揀尖→攤放→殺青→烘焙。

太平猴魁分為極品、特級、一至三級共五個等級。太平猴魁茶極品品質特徵：外形扁展挺直、魁偉壯實、兩葉抱一芽，勻齊，色澤蒼綠勻潤，部分主脈暗紅，毫多不顯；內質香氣鮮靈高爽，蘭花香持久；湯色嫩綠，清澈明亮；滋味鮮爽醇厚，回味甘甜，獨具「猴韻」；葉底嫩黃綠鮮亮，嫩勻肥壯，成朵。太平猴魁茶一級品質特徵：外形扁平重實、兩葉抱一芽、勻整，色澤蒼綠較勻潤，部分主脈暗紅，毫隱不顯；內質香氣清高；湯色嫩黃綠明亮；滋味鮮爽回甘；葉底黃綠明亮，嫩勻成朵。

太平猴魁茶自創製之初即受到好評，西元一九一五年巴

拿馬萬國博覽會獲金獎，以後屢次在中國和國外獲獎，主銷北京、上海、南京、合肥及香港等城市和地區。

8、桐城小花茶：歷史名茶，產於安徽桐城的直條形烘青綠茶，創製於明代。道光七年（西元一八二七年）《桐城縣誌·物產志》載：「桐城茶皆小樹叢生，椒園最勝，毛尖芽嫩而香，龍山茶亦好。」椒園，即名人孫魯山之園。

桐城小花茶加工工藝為殺青→初烘→攤涼→複烘→剔揀。

桐城小花茶分特級、一至三級共四個等級。

該茶品質特徵：外形條索舒展，形似蘭花，色澤翠綠；內質香氣鮮爽持久，有蘭花香；湯色碧綠清澈；滋味醇厚，鮮爽回甘；葉底嫩綠勻亮。

桐城小花茶在中國多次獲獎，主銷安慶、合肥等城市。

9、舒城蘭花茶：歷史名茶，產於舒城、桐城、嶽西等地的尖形烘青綠茶，創製於明末清初。據清朝嘉慶十一年（西元一八〇六年）《舒城縣誌·物產》記載：「茶，出曉天主簿園、毛坦廠。」舒城產茶歷史悠久，唐代陸羽《茶經·八之出》已有著錄。《宋史·食貨志》載，嘉祐六年（西元一〇六一年）全國設十三山場買茶，舒州即為其一，達十八萬多斤，茶葉

生產規模較大。

舒城蘭花茶加工工藝為殺青→烘焙。

舒城蘭花茶分特級、一至三級共四個等級。該茶的品質特徵：外形芽葉相連似蘭花，色澤翠綠，勻潤顯毫；內質清香持久，有蘭花香；湯色綠亮明淨；滋味濃醇回甘；葉底成朵，呈嫩黃綠色。

舒城蘭花茶在中國多次獲獎，主銷安徽江淮地區，部分銷往北京、上海及山東、江蘇、港、臺地區。

安徽桐城古街。

10、九華毛峰茶：又名閔園毛峰茶、黃石溪毛峰茶，歷史名茶，產於安徽九華山的直條形烘青綠茶，創製於清初。其名有一傳說：唐天複年間（西元九〇一年～九〇四年），有一僧一道慕地上菩薩之名，來九華山修行。二人終日不食人間煙火，只採黃荊根、野果等為食，天長日久，身腫頭昏。一日二人採回茶葉煮飲後，發現身體越來越會恢復。於是，他們便經常在石塊上攤放茶葉曬收藏，長此以往，石塊上留下了斑斑黃跡，被人們稱為黃石。天臺山飛瀑流經黃石，匯為一溪，人稱「黃石溪」，人們將此地生產的茶便命名為「黃石溪毛峰茶」。

　　九華山產茶歷史悠久。清朝光緒十七年（西元一八九一年）《青陽縣誌・物產》中載：茶有「金地藏茶，即地藏自西域攜來者，今傳梗空筒者是。茗地源茶，根株頗碩，生於陰谷。春夏之交，方發萌莖，條雖長，旗槍不展，乍紫乍綠。天聖（西元一〇二三年～一〇三二年）初，郡守李虛己、太史梅詢試之，品以為建諸渚不過也。」康熙二十三年（西元一六八四年）《江南通志・山川》載：「茶，青陽、石埭、建德產，貴池亦有之。九華山閔公墓茶，四方稱之。」光緒四年（西元一八七八年）《重修安徽通志・山川》亦載：「閔

源，在九華山東岩。……皆產茗，此閔茶所由。」可見九華山產茶歷史悠久，品質較高。

九華山毛峰茶加工工藝為殺青→揉撚→烘焙。其產品分一至三級。

九華山毛峰茶產品特徵：外形稍曲勻齊，色澤翠綠鮮潤，白毫顯露；內質嫩香較持久；湯色碧綠明亮；滋味鮮醇爽口；葉底嫩黃綠明亮，芽葉完整。

九華山毛峰茶在一九一五年獲巴拿馬萬國博覽會金獎，二十世紀九〇年代亦多次獲獎，主銷安徽及北京、上海、天津等地。

11、太極雲毫茶：原名「廣德雲霧」，恢復性歷史名茶，主產安徽廣德的條形烘青綠茶。該茶創製於清代，後一度失傳，一九八二年恢復生產。光緒七年（西元一八八一年）《廣德州志‧物產》載：「茶，州產五花岩者稱珍品，謂之岕茶，今絕少。以石溪、陽灘山、溪等處為最。」民國三十七年（西元一九四八年）《廣德縣誌稿》載：「北鄉五花岩山之茶，尤稱珍品，謂之雲霧茶，今已絕少。石溪、陽灘、溪等處亦佳。」據後者記載，太極雲毫茶於一九一五年巴拿馬萬國博覽會上獲金獎。

太極雲毫茶加工工藝為殺青→做形→烘。

該茶分為極品、特級、一級、二級共四個等級。

太極雲毫茶品質特徵：外形緊直勻整，色澤綠潤；內質嫩香濃鬱，回味甘甜。

太極雲毫茶主銷蘇南和蕪湖、馬鞍山等地。

12、高峰雲霧茶：恢復性歷史名茶，主產於安徽宣州塌泉一帶的條形烘青綠茶，故又稱「塌泉雲霧茶」。創製於清朝雍正年間（西元一七二三年～一七三五年），後一度失傳，一九五五年恢復生產。宣城產茶歷史悠久，且有歷史名茶，

這在唐代陸羽《茶經‧八之出》已有著錄。

高峰雲霧茶加工工藝為殺青→揉撚→烘焙。

高峰雲霧茶分一至三共三個等級，其品質特徵：外形條索勻細、鋒苗秀麗，色澤翠綠油潤，白毫顯露；內質香氣高長有花香；湯色黃綠明亮；滋味醇厚爽口；葉底嫩綠勻齊。

高峰雲霧茶在中國多次獲獎，行銷北京、南京、蕪湖等城市及香港地區。

13、**野雀舌茶**：又名銅陵野雀舌茶，恢復性歷史名茶，產於安徽銅陵的直條形烘青綠茶。創製於明末清初，後一度

【第二章 綠茶】

失傳，一九八七年恢復生產。據傳產地中以「千頭窪」山中所產最佳。對此，還有一段傳說。早先有一農夫，早年喪妻，與女兒春香相依為命。一天農夫勞動，因受熱和勞累過度而病倒，眼睛也腫了起來。春香經茶農指點，將「千頭窪」山沖採到的野茶烘成雀舌，給父親治療，不日，其父病癒。自此，「千頭窪」之野雀舌茶被人視為靈丹妙藥，甚至被貢給乾隆皇帝享用，被贊為「江南佳茗」。

野雀舌茶加工工藝為殺青→攤涼→做形→提毫→烘焙。

野雀舌茶分為特級、一級、二級三個等級。該茶品質特徵：外型微扁，形似雀舌，色澤翠綠；內質嫩香持久；湯色清澈明亮；滋味鮮醇；葉底嫩綠明亮。

野雀舌茶在中國多次獲獎，主銷南京、合肥、蕪湖等城市。

14、蓮心茶：又名綠茶蓮心，歷史名茶，產於福建福鼎、霞浦等地的條形烘青綠茶。創製於清代。清代陸廷燦《續茶經》引《隨見錄》云：「摘初發之芽一旗未展者，謂之蓮子心，連枝二寸剪下烘焙者，謂之鳳尾龍須，要皆異其造。」

蓮心茶加工工藝為殺青→攤涼→揉撚→毛火→涼索和渥堆→足火。

蓮心茶品質特徵：外形條索渾圓、緊結勻稱，色澤墨綠油潤，細嫩顯毫；內質香氣清幽，毫香鮮明；湯色明淨，呈杏綠色或淡黃綠色；滋味清鮮醇厚；葉底鮮豔嫩黃，細軟光滑。

蓮心茶行銷中國各城市。

15、信陽毛尖茶：又稱豫毛峰茶，歷史名茶。是在規定的自然生態環境條件範圍內，採自當地傳統的茶樹群體種或適宜的茶樹良種進行繁育、栽培的茶樹幼嫩芽葉，經獨特的工藝加工而成，具有特定品質的條形烘青綠茶，創製於清末。

信陽毛尖茶為地理標誌產品，產地據《地理標誌產品信陽毛尖茶》（GB/T22737-2008）規定的信陽市所轄光山、潢川、固始、商城、淮濱、息縣、羅山、平橋、溮河、新縣等區縣。歷史上信陽毛尖以五雲（車雲山、雲霧山、集雲山、天雲山、連雲山）、兩潭（黑龍潭、白龍潭）、一山（震雷山）、一寨（何家寨）、一寺（靈山寺）等最優。

信陽產茶歷史悠久，唐代陸羽《茶經・八之出》載：「淮南，以光州上，義陽郡、舒州次。」光州，即轄今河南信陽毛尖茶茶地潢川、光山、固始、商城、新縣等區域；義陽郡，即轄今信陽市、縣及羅山縣。《新唐書・地理志》記載其地

土貢為茶。

　　乾隆三十五年（西元一七七〇年）《光州志‧雜記》載：「光州產茶。宋時，光州產甚富，產茶凡十三場，光州即有其三。」《夢溪筆談》云：光州光山場買茶三十七萬七千二百一十六斤，賣錢一萬二千四百五十六貫；子安場買茶二十二萬八千三十斤，賣錢一萬三千六百八十九貫三百四十八；商城買茶四十萬五百五十三斤，賣錢

信陽毛尖茶葉。

二萬二千七十九貫四百四十六。」據此可知，信陽不但產茶歷史悠久，品質優異，而且產量很大。

信陽毛尖茶加工工藝為生鍋→熟鍋→初烘→攤涼→複烘→揀剔→再複烘。

信陽毛尖茶以其鮮葉採摘期和品質分為珍品、特級、一至四級共六個等級。

其珍品品質特徵：外形緊秀圓直，嫩綠多白毫，勻整，潔淨；內質嫩香持久；湯色嫩綠明亮；滋味鮮爽；葉底嫩綠

信陽毛尖茶。

【第二章　綠茶】

鮮活勻亮。一級品質特徵：外形條索圓尚直，尚緊細，色澤綠潤有白毫，較勻整，潔淨；內質栗或清香；湯色綠明亮；滋味醇厚；葉底綠尚亮，尚勻整。

信陽毛尖茶在中國和國外多次獲獎，主銷中國各大城市及港澳地區，外銷日本、美國、德國、新加坡和馬來西亞等國。

16、車雲山毛尖茶：歷史名茶，產於湖北隨州北部車雲山一帶的條形烘青綠茶。西元一九二六年，茶農吳延元在吸收黃大茶、瓜片茶加工工藝的基礎上，經過十年的探索實踐，逐步形成了現在車雲山毛尖茶的加工工藝，即生鍋→熟鍋→

趕條→理條→烘焙。

車雲山毛尖茶分特級、一至三級共四個等級。

車雲山毛尖茶品質特徵：外形條索緊細圓直，鋒毫顯露；內質香氣清高，具熟板栗香味；湯色嫩黃，清澈明亮；滋味醇厚甘爽；葉底嫩綠柔軟。

車雲山毛尖茶在中國多次獲獎，主銷武漢、襄樊等城市及河南等地。

車雲山毛尖茶。

【第二章　綠　茶】

17、**樂昌白毛茶**：又名樂昌白毛尖茶，歷史名茶，產於廣東樂昌的條形烘青綠茶。樂昌產茶歷史悠久，樂昌白毛茶在明代即很著名。屈大均（西元一六三〇年～一六九六年）所著《廣東新語‧食語》茶條中記載：「樂昌有毛茶，茶葉微有白毛，其味清涼。」民國二十年（西元一九三一年）《樂昌縣誌‧物產》亦載：「白毛茶，產於大山中，葉面有細白毛，性涼，其味勝於水仙。……白毛茶，葉有白毛，故名。味清而香，為紅茶、綠茶所不及。大山處處有之，以瑤山所產者為最。邑人烹以祭祀，其茶輒變潮水色。」

樂昌白毛茶加工工藝為攤青→殺青→揉撚→初乾→整形提毫→烘足乾。

樂昌白毛茶分一至五級。其品質特徵：外形條索緊結，滿披銀白色毫毛，稍彎曲；內質香氣高長；湯色黃綠明亮；滋味醇爽；葉底勻亮。

樂昌白毛茶在中國多次獲獎，主銷廣東地區。

18、**西山茶**：又稱桂平西山茶，歷史名茶，產於廣西桂平西山（又名思靈山）一帶，故名。創製於明代。桂平產茶歷史悠久，西山茶早享盛譽。

關於西山茶的創製，還有一個動人的傳說：廣西桂平的西山原為坐東朝西，山上有塊棋盤石。有東天、西天兩位神仙，常在此處下棋。弈間，東天大仙變出香茶解渴，西天大仙變出山泉飲用。二人看當地和尚稱讚茶香，於是東天大仙便將茶籽撒在山上，西天大仙便變出山泉（後稱「乳泉」）進行澆灌。為便於茶樹生長，東天大仙還將西山旋轉過來，變成坐西朝東。於是，西山茶就在人間傳播開來。

　　西山茶在文獻中早有記載。嘉慶五年（西元一八〇〇年）《廣西通志・物產四》記載：「西山茶，出桂平西山。」民國九年（西元一九二〇年）《桂平縣誌・物產》亦載：「茶為人人不能少缺之物，此蓋始於漢晉之間，至唐而大盛。桂平諸山，如思陵、紫荊、三岩及烏茶、大澤、盤龍、大石、石田各嶺，皆產茶，其名如下：西山茶，出西山棋盤石乳泉井右觀音岩下，低株散植，綠葉銀蕊，根吸石髓，葉映朝暾，故味甘腴而氣芬芳，……杭湖龍井未能逮也。」該茶清代已為貢品。

　　西山茶加工工藝為攤青→殺青→輕揉→初烘→焙→提香。

　　西山茶品質特徵：外形條索緊細微曲，色澤綠潤有毫；內質香氣清鮮；湯色清澈明亮；滋味醇甘鮮爽；葉底柔嫩成朵，

嫩綠明亮。

西山茶在中國多次獲獎，主銷廣西、廣東及香港地區。

19、凌雲白毛茶：又稱凌雲白毫茶，歷史名茶，產於廣西百色的條形烘青綠茶。凌雲白毛茶創製於清朝乾隆（西元一七三六年～一七九五年）以前，但以前為曬青綠茶，二十世紀五〇年代曾出口阿爾及利亞和摩洛哥等國，被視為珍品。

現凌雲白毛茶加工工藝為殺青→輕柔→二次烘→提香。

凌雲白毛茶分特級、一至六級共七個等級。該茶品質特徵：外形直似銀針，白毫顯露；內質香氣清高，有熟板栗香；湯色清澈明亮；滋味濃厚鮮爽；葉底芽葉肥嫩柔軟。

凌雲白毛茶在中國多次獲獎，行銷廣西、廣東、北京等地，少量銷往歐美地區。

20、南山白毛茶：歷史名茶，產於廣西橫縣寶華山的條形烘青綠茶。創製於明清時期。南山白毛茶生產歷史悠久，在清朝嘉慶十五年（西元一八一〇年）時，即被譽為全國名茶。《廣西通志稿》記載：「南山茶，葉背白茸如雪，萌芽即採，細嫩如銀針，色、味勝龍井，飲之清芬沁齒，天然有荷花香，真異品也。」南山白毛茶於一九一五年獲巴拿馬萬國博覽會

銀獎。

南山白毛茶加工工藝為殺青→攤涼→揉撚→初乾→烘。

該茶品質特徵：外形條索緊細，身披茸毛，色澤銀白透綠；內質香氣清高，有荷花芳香；湯色綠而明亮；滋味醇厚甘爽；葉底嫩綠，匀整明亮。

南山白毛茶主銷廣西、廣東等地。

21、**感通茶**：又稱大理感通茶，恢復性歷史名茶，產於雲南大理感通寺一帶的條形烘青綠茶，故名。創製於明代以前，至清末民初時已消失，下關茶廠於二十世紀九〇年代研恢復生產。乾隆元年（西元一七三六年）《雲南通志·物產》載：「感通茶，出太和感通寺。」至民國六年（西元一九一七年）《大理縣誌稿·物產》中則記載：「感通三塔之茶，皆已絕種，惟上末尚存數株。」明代著名地理學家徐霞客在其名著《徐霞客遊記》對感通茶有詳細描述：「感通寺……院外喬松修竹，間以茶樹。樹皆高三四丈，絕與桂相似。時方採摘，無不架梯升樹者。茶味頗佳，焙而複曝，不免黝黑。」

感通茶加工工藝為殺青→揉撚→初烘→複揉→整形→毛

火→足火。

　　感通茶品質特徵：外形條索捲曲，色澤墨綠，油亮顯毫；內質香氣馥鬱持久；湯色清綠明亮；滋味醇爽回甘。

　　感通茶在中國曾獲獎，主銷昆明、常州、成都、重慶等地。

其他烘青綠茶表格

名稱	產地	品質特徵
蘭溪毛峰茶	浙江蘭溪	外形肥壯成條，狀似蘭花，色澤黃綠帶潤，銀毫遍佈；內質香氣清高幽遠；湯色嫩綠明亮；滋味甘醇鮮爽；葉底細嫩成朵。
江山綠牡丹	浙江江山	外形條似花瓣，色澤翠綠，白毫顯露；內質香氣清高；湯色碧綠清澈；滋味鮮爽；葉底嫩綠明亮，芽葉成朵。
浦江春毫茶	浙江浦江	外形緊卷細嫩，色澤翠綠披毫；內質香高持久；湯色明亮；滋味鮮爽甘醇；葉底嫩綠勻淨。
雪水銀綠茶	浙江桐廬	外形緊直略扁，芽峰顯露，色澤嫩綠；內質清香高銳；湯色清澈明亮；滋味鮮醇；葉底綠亮，嫩勻完整。
黃花雲尖茶	安徽寧國	外形挺直平伏似梭，壯實勻齊，色澤翠綠顯毫；內質香氣高爽持久，含有花香；湯色淡綠，清澈明亮；滋味醇爽回甘；葉底嫩綠勻亮，肥厚整齊。

黟山雀舌茶	安徽黟縣	外形似雀舌，色澤象牙色，白毫顯露；內質花香，濃鬱悠長；滋味鮮醇回甘。
黃山綠牡丹茶	安徽歙縣	外形呈花朵狀，綠色顯毫；內質香高；湯色清澈；滋味甘甜。
仙寓香芽茶	安徽石台	外形全芽肥嫩，茸毫披露；內質嫩香持久；湯色淺黃明亮；滋味鮮醇；葉底嫩綠完整。
嶽西翠蘭茶	安徽嶽西	外形芽葉相連，色澤翠綠；內質清香持久；湯色碧綠明亮；滋味鮮爽，回味甘醇；葉底芽葉完整，嫩勻成朵。
碧綠茶	山東日照	外形捲曲纖細，色澤翠綠，白毫顯露；內質香氣高爽持久；湯色黃綠明亮；滋味鮮濃醇厚；葉底翠綠勻齊。
仰天雪綠茶	河南固始	外形扁平，挺秀顯毫，色澤翠綠油潤；內質香氣高尚鮮嫩；湯色綠亮；滋味鮮醇；葉底嫩勻。
靈山劍峰茶	河南羅山	外形扁平，挺直似劍，色澤翠綠，白毫顯露；內質香氣高爽；湯色淺綠，清澈明亮；滋味鮮醇回甘；葉底嫩綠勻淨。
太白銀毫茶	河南桐柏	外形條索雄壯緊實，色澤翠綠，銀毫滿披；內質嫩香持久；湯色碧綠清澈；滋味醇爽回甘；葉底肥軟嫩綠。
清淮綠梭茶	河南桐柏	外形緊秀如梭，色澤蒼綠，光潤勻齊，顯毫；內質香氣清正；湯色清澈；滋味醇厚；葉底嫩綠勻淨。

白雲毛峰茶	河南泌陽	外形條索緊細，勻齊略扁，鋒苗好，色澤翠綠油潤，銀毫顯露；內質嫩香持久；湯色清澈；滋味鮮醇，回味甘甜；葉底肥軟多芽，嫩綠明亮。
仙洞雲霧茶	河南泌陽	外形肥壯，緊實露芽，形似綠剪；內質香氣嫩果香；湯色嫩綠明亮；滋味鮮嫩；葉底嫩綠，肥壯顯芽。
杏山竹葉青茶	河南光山	外形扁平，直而挺秀，形似竹葉，色澤深綠，光潤顯毫；內質香高持久；湯色黃綠明亮；滋味鮮濃且爽，回味甘甜；葉底嫩綠成朵。
賽山玉蓮茶	河南光山	外形扁平挺直，色澤鮮綠，白毫滿披；內質嫩香鮮爽持久；湯色淺綠明亮；滋味甘醇；葉底嫩綠勻整。
金剛碧綠茶	河南商城	外形緊秀扁平，色澤翠綠顯毫；內質香氣清高持久；湯色淺綠明亮；滋味鮮爽甘醇；葉底嫩綠，肥壯顯芽。
香山翠峰茶	河南新縣	外形彎曲，色澤翠綠，白毫顯露；內質香氣鮮嫩；湯色鮮豔；滋味鮮濃；葉底嫩勻成朵。
雷沼噴雲茶	河南信陽	外形肥碩勻齊，色澤翠綠，白毫顯露；內質香氣芬芳濃久；湯色嫩綠清澈；滋味鮮醇回甘；葉底肥軟綠勻。
雷震劍毫茶	河南信陽	外形扁平似劍，色澤隱翠，滿披白毫；內質香氣高鮮；湯色淺綠明亮；滋味鮮爽；葉底芽葉壯嫩勻整。

天堂雲霧茶	湖北英山	外形條索緊秀，色澤翠綠油潤，白毫顯露；內質清香持久；湯色嫩綠，清澈明亮；滋味鮮醇爽口，回味甘甜；葉底成朵。
武當針井茶	湖北丹江口	外形條索緊細如針，色澤翠綠顯毫；內質香氣高爽持久；湯色清澈明亮；滋味濃醇鮮爽；葉底嫩綠，勻齊成朵。
峽州碧峰茶	湖北宜昌	外形條索緊秀顯毫，色澤翠綠油潤；內質香高持久；湯色黃綠明亮；滋味鮮爽回甘；葉底嫩綠勻整。
挪園青峰茶	湖北黃梅	外形條索緊秀勻齊，色澤翠綠油潤，白毫顯露；內質香氣清高持久；湯色清澈明亮；滋味鮮爽甘醇；葉底嫩綠勻整。
容美茶	湖北鶴峰	外形條索緊秀，色澤翠綠顯毫；內質香氣清高持久；湯色黃綠明亮；滋味鮮醇回甘；葉底嫩綠勻整。
霧洞綠峰茶	湖北利川	外形條索緊細有鋒苗，色澤翠綠油潤；內質清香持久；湯色嫩綠明亮；滋味醇厚鮮爽；葉底嫩綠，勻齊明亮。
神農奇峰茶	湖北神農架	外形扁平，尖削如劍，色澤翠綠，白毫顯露；內質香高持久；湯色嫩綠明亮；滋味甘醇鮮爽；葉底芽葉成朵，肥壯勻齊。
採花毛尖茶	湖北五峰	外形細秀勻直，色澤翠綠，油潤顯毫；內質香高持久；湯色清澈明亮；滋味鮮爽回甘；葉底嫩綠鮮活。

竹溪龍峰茶	湖北竹溪	外形條索緊結壯實，顯鋒苗，色澤翠綠；內質清香持久；湯色嫩綠明亮；滋味濃醇爽口；葉底嫩綠勻齊。
雙橋毛尖茶	湖北大悟	外形條索緊細顯鋒苗，色澤翠綠；內質香氣清高持久；湯色黃綠明亮；滋味醇厚；葉底嫩綠勻齊。
覃塘毛尖茶	廣西貴港	外形細直挺拔，色澤翠綠，白毫顯；內質清香持久；湯色清澈；滋味鮮爽；葉底嫩勻明亮。
桂林毛尖茶	廣西桂林	外形條索緊細勻直，色澤翠綠，白毫顯露；內質嫩香持久；湯色清澈明亮；滋味鮮靈回甘；葉底翠綠嫩勻。
灕江銀針茶	廣西桂林	外形條索緊細，形似銀針，色澤翠綠，白毫顯露，勻整鮮淨；內質清香持久；湯色清澈；滋味鮮醇；葉底綠亮。
縉雲毛峰茶	重慶北碚	外形重實綠潤，密披白毫，勻齊伸直；內質香氣清醇雋永；湯色黃綠，清澈明亮；滋味鮮醇爽口；葉底嫩勻，黃綠明亮。
羊艾毛峰茶	貴州貴陽	外形細嫩勻整，條索緊結捲曲，色澤翠綠油潤，銀毫滿披；內質清香馥鬱；湯色綠亮；滋味清純鮮爽；葉底嫩綠勻亮。
黔江銀鉤茶	貴州湄潭	外形緊結壯實，形似魚鉤，色澤鮮翠，白毫顯露；內質香氣鮮濃持久；湯色清澈，黃綠明亮；滋味鮮醇柔和，濃厚甘爽；葉底嫩綠鮮活。

南糯白毫茶	雲南勐海	外形緊結壯實，秀美勻整，鋒苗挺直，白毫顯露；內質香氣馥鬱；湯色清澈明亮；滋味甘醇；葉底嫩勻明亮。
雲海白毫茶	雲南勐海	外形條索緊直如針，白毫披身；內質香高味爽；湯色黃綠明亮香；葉底鮮嫩。
宜良春茶	雲南宜良	外形條索緊細，色澤青綠勻潤，鋒苗秀麗；內質香氣鮮嫩清高，有板栗香；湯色黃綠明亮；滋味鮮嫩爽口；葉底細嫩多芽，黃綠鮮亮。
昆明十里香茶	雲南昆明	外形條索緊秀，色澤綠潤，鋒苗好；內質香氣清鮮持久；湯色清澈明亮；滋味醇和回甘；葉底嫩勻黃亮。
牟定化佛茶	雲南牟定	外形條索緊細；內質香氣鮮濃持久；湯色清綠明亮；滋味鮮濃甘爽；葉底明亮。
綠春瑪玉茶	雲南綠春	外形條索緊結壯實，銀毫顯露；內質香高馥鬱；湯色碧綠似玉；滋味濃鬱回甘；葉底黃綠，細嫩柔軟。
峨山銀毫茶	雲南峨山	外形圓渾略彎曲，色澤銀白隱翠，白毫滿披；內質香氣鮮嫩持久；湯色杏綠有毫渾；滋味鮮醇回甘；葉底肥嫩勻齊，嫩綠鮮亮。
蒼山雪綠茶	雲南大理	外形條索緊細勻齊，色澤墨綠油潤；內質香氣馥鬱鮮爽；湯色清澈明亮；滋味鮮醇回甘；葉底黃綠嫩勻。

早春綠茶	雲南鳳慶	外形條索雄壯緊實，鋒苗完整，色澤翠綠光潤；內質香氣鮮爽持久；湯色清澈明亮；滋味醇厚回甘；葉底嫩綠明亮。
龍山雲毫茶	雲南景洪	外形條索圓直緊秀，色澤綠潤顯毫；內質具有熟板栗香；湯色清澈綠亮；滋味鮮爽回甘；葉底肥嫩完整。
午子仙毫茶	陝西西鄉	外形花朵形微扁，色澤翠綠鮮潤，白毫滿披；內質栗香持久；湯色黃綠，清澈明亮；滋味醇和，回甘爽口；葉底芽嫩成朵。
八仙雲霧茶	陝西平利	外形條索緊秀，挺直略扁，呈燕尾狀，翠綠顯毫；內質香高持久；湯色翠綠，清澈明亮；滋味鮮嫩，醇爽回甘；葉底肥嫩成朵、嫩綠明亮。
城固銀毫茶	陝西城固	外形細嫩多毫，色澤尚綠潤；內質香高持久，滋味醇爽，湯色、葉底黃綠明亮。
商南泉茗茶	陝西商南	外形緊細，微顯毫；內質栗香持久；湯色嫩綠；滋味鮮醇；葉底黃綠明亮。
紫陽銀針茶	陝西紫陽	外形條索直似銀針，色澤翠綠顯毫；內質嫩香持久；湯色清澈明亮；滋味鮮爽回甘；葉底嫩勻明亮。
安康銀峰茶	陝西安康	外形扁眉形，色澤嫩黃綠，勻整顯毫；內質嫩香持久；湯色淺綠明亮；滋味鮮醇耐泡；葉底肥嫩，黃綠勻亮。

（三）烘炒綠茶

　　鮮葉經殺青、揉撚後，在燥過程中先炒後烘或先烘後炒而成的綠茶。烘炒綠茶既保持了烘青綠茶芽葉完整、白毫顯露的特徵，又具有炒青綠茶香高味濃的特徵。

　　1、顧渚紫筍茶：也稱湖州紫筍茶、長興紫筍茶，恢復性歷史名茶，產於浙江長興顧渚山區的烘炒綠茶。創製於唐代，其實即為貢茶。歷史上一度失傳，西元一九七八年恢復生產。

使用高熱急速破壞茶葉中氧化酵素的活性，使葉中水分適度蒸發，利於揉捻而不破碎。

位於台灣坪林的綠茶烘炒設備。

紫筍茶。

　　茶名源於唐代陸羽《茶經・一之源》：「陽崖陰林，紫者上，綠者次；筍者上，芽者次。」長興產茶歷史悠久，且品質優異。《茶經・八之出》記載：「浙西，以湖州上。湖州，生長城縣（即今長興縣）顧渚山谷，與峽州、光州同。」唐代楊曄《膳夫經手錄》評價顧渚紫筍茶品質：「湖州紫筍茶，自蒙頂之外，無出其右者。」康熙十二年（西元一六七三年）

《長興縣誌‧物產》載：「茶，顧渚芽茶：唐代宗大曆五年（西元七七〇年）置貢茶院於顧渚山」，其時採製規模很大。據《元和郡縣圖志‧江南道一》記載：「貞元以後，每歲以進奉顧山紫筍茶，役工三萬人，累月方畢。」唐代詩人張文規《湖州貢焙新茶》描述：「鳳輦尋春半醉歸，仙娥進水禦簾開。牡丹花笑金鈿動，傳奏湖州紫筍來。」

顧渚紫筍茶加工工藝為殺青→理條→攤晾→初烘→複烘。

顧渚紫筍茶分為紫筍、旗芽、雀舌三級，其品質特徵：外形芽葉微紫，芽形似筍，色澤綠潤；內質香氣清高，蘭香撲鼻；湯色清澈碧綠；滋味鮮醇，甘味生津；葉底芽頭肥壯成朵。

顧渚紫筍茶自恢復生產以來，在中國頻繁獲獎，主銷上海、杭州等城市。

2、東白春芽茶：也稱婺州東白茶、東白茶，恢復性歷史名茶，產於浙江東陽市東白山一帶的烘炒綠茶。創製於唐，後一度失傳，西元一九八〇年恢復生產。該茶自創製始，即以品質優異而著。唐代李肇在《唐國史補》中記載，「婺州東白」其時已列為名茶。至清代，東白茶仍列為貢茶。

東白春芽茶加工工藝為殺青→炒二青→初烘→複烘。

東白春芽茶分一至三共三個等級，其品質特徵：外形平直略開展，狀似蘭花，色澤翠綠，芽毫顯露；內質具板栗香，帶蘭花香；湯色清澈明亮；滋味甘醇持久；葉底匀齊嫩綠。

東白春芽茶在中國多次獲獎，主銷華東、華北、東北各大城市。

3、諸暨石筧茶：也稱石筧嶺茶，恢復性歷史名茶，產於浙江諸暨龍門頂山區的烘炒綠茶。石筧茶，在宋時的地方誌中屢有記載，歷史上一度失傳，西元一九七九年恢復生產。諸暨，唐屬越州，其地所產之茶，在唐代即獲得茶聖陸羽的好評。

諸暨石筧茶加工工藝為殺青→揉撚→整形→初烘→複烘。

諸暨石筧茶分特級、一至三級共四個等級。該茶品質特徵：外形挺秀，色澤翠綠顯毫；內質香高持久；湯色嫩綠明亮；滋味醇爽；葉底

細嫩成朵。

　　諸暨石筧茶在中國和國外多次獲獎，主銷杭州、上海等城市。

揀選茶葉。

4、華頂雲霧茶：也稱天臺山雲霧茶、華頂茶，恢復性歷史名茶，產於浙江天臺華頂山區的烘炒綠茶。創製於唐代，歷史上一度失傳，西元一九七九年恢復生產。該地產茶歷史悠久，在唐宋時期的文獻中就獲得好評。

華頂雲霧茶加工工藝為殺青→揉撚→造形→烘提毫→複烘。

華頂雲霧茶分特級、一至三級共四個等級。

該茶品質特徵：外形緊細彎曲，芽葉壯實顯毫，色澤綠潤；內質香氣清高；湯色嫩黃清澈；滋味甘醇鮮爽；葉底嫩勻綠明。

華頂雲霧茶多次在中國獲獎，主銷北京、杭州、上海等城市。

5、泉崗輝白茶：也稱前崗輝白茶、輝白茶，恢復性歷史名茶，產於浙江嵊州泉崗（又稱前崗）一帶的烘炒綠茶。創製於明代，後一度失傳，西元一九八五年恢復生產。嵊州產茶歷史悠久，品質優異。唐代陸羽《茶經·七之事》中便有該地飲茶的記載。乾隆七年（西元一七四二年）《嵊縣誌·物產》中記載產茶地如下：「仙家崗（原注：充貢）、瀑布嶺、五龍山、真如山、紫岩、焙坑、大昆、小昆、鹿苑、細坑、

蕉坑（原注：俱產茶之地名，而西山者最佳）。」道光八年（西元一八二八年）和同治九年（西元一八七○年）所編纂的《嵊縣誌》敘述該地「產仙茗」，「產茶甚佳」，「茶甚甘美」。

泉崗輝白茶加工工藝為殺青→初揉→初烘→複揉→炒二青→輝鍋。

該茶分特級、一至三級共四個等級。

泉崗輝白茶品質特徵：外形盤花捲曲成顆粒形，色澤綠中帶白起霜；內質香高有板栗香；湯色嫩綠明亮；滋味濃醇甘甜；葉底嫩黃成朵。

泉崗輝白茶在中國多次獲獎，主銷上海、杭州及山東等地。

6、南嶽雲霧茶：歷史名茶，產於湖南衡山南嶽山的條形烘炒綠茶。創製於唐代。衡山產茶，在唐代陸羽《茶經‧八之出》中已有記載，唐代已列為貢品。

在民間流傳著南嶽開始產茶的一個傳說。唐天寶年間（西元七四二年～七五六年），江蘇清晏禪師任南嶽廟主持，親見一條大白蛇，將茶籽埋到寺廟的旁邊。從此，南嶽便開始產茶了。不久，有一股清泉從石窟中流出，人們取名為珍珠

泉。清晏禪師用珍珠泉水泡茶，其茶的色、香、味更佳。

據說，杭州的「虎跑泉」還是唐憲宗時（西元二〇六年～八二〇年），性空禪師在杭州建寺時將南嶽的童子泉引來的。康熙三年（西元一六六四年）《南嶽志·物產》記載：「茶，沿山皆茶。……春日雨晴，採芽明焙，以峰泉試之，浮乳甘香，不在徽歙下矣。」乾隆十八年（西元一七五三年）《南嶽志·物產》亦載：「茶，岳產特豐。穀雨前採芽焙之，煮以峰泉，味甘□不減顧渚。」

南嶽雲霧茶加工工藝為殺青→清風→初揉→初乾→整形→提毫→攤涼→烘焙。

南嶽雲霧茶分特級、一級、二級共三個等級。

該茶品質特徵：外形條索細緊微曲，色澤翠綠，白毫顯露；內質香氣濃鬱持久；湯色黃綠明亮；滋味醇厚爽；葉底嫩勻明亮。

南嶽雲霧茶在中國多次獲獎，主銷中國各大城市。

問春龍井一。

【第二章　綠　茶】

7、桂東玲瓏茶：恢復性歷史名茶，產於湖南桂東的環鉤形烘炒綠茶。創製於明末清初，後一度失傳，西元一九八〇年恢復生產。桂東產茶，在明清方志中已見記載。

桂東玲瓏茶加工工藝為殺青→清風→揉撚→初乾→整形提毫→攤涼→烘。

該茶品質特徵：外形緊細，奇曲玲瓏，色澤綠潤，白毫顯露；內質香氣清鮮，嫩香持久；湯色淺綠清澈；滋味甘爽鮮醇；葉底細嫩勻亮。桂東玲瓏茶在中國多次獲獎，主銷湘、贛、粵及香港地區，外銷至美國和東南亞各國。

8、塔山山嵐茶：恢復性歷史名茶，產於湖南常寧塔山山區的條形烘炒綠茶。傳說，宋真宗之女棲禪塔山能仁寺，年年進貢塔山山嵐茶。該茶雖在清末光緒年間仍有記載，但其後便因戰亂而失傳，西元一九八六年重新研製。

塔山山嵐茶加工工藝為殺青→攤涼→揉撚→炒二青→初烘→整形→提毫→烘焙。

該茶品質特徵：外形肥碩，色澤翠綠，銀毫滿披；內質香氣鮮嫩高長；湯色黃綠明亮；滋味鮮爽回甘；葉底嫩明勻淨。

塔山山嵐茶在中國多次獲獎，主銷衡陽、長沙等地。

9、仁化銀毫茶：歷史名茶，產於廣東仁化的條形烘炒綠茶。創製於清代以前，嘉靖丁巳年（西元一五五七年）《仁化縣誌》中記載，其時仁化縣所產茶類有「青茶、苦茶、黃茶、甜茶」。光緒九年（西元一八八三年）《仁化縣誌》記載：「黃嶺，城西北六十里，……山窩產白芽茶。」「茶，有白毛、黃茶二種。」

仁化銀毫茶加工工藝為殺青→揉撚→理條提毫→烘焙。

仁化銀毫茶分為特級和一級共兩個等級。

該茶品質特徵：外形緊結稍彎，似蘭花瓣，銀毫滿披；內質香氣清幽如蘭；湯色清澈明亮；滋味濃醇回甘。

仁化銀毫茶在中國曾獲金獎，主銷廣東、廣西、湖南及港澳地區，外銷東南亞各國。

10、蒙頂石花茶：歷史名茶，產於四川名山蒙山的扁直形烘炒綠茶。蒙山產茶歷史悠久。傳說西漢時期，蒙山有一個美麗的仙女，在懸崖邊看到幾顆閃閃發亮的茶籽，便將它們收集起來，交給上山採藥的青年吳理真。二人在蒙山最高峰上青峰將茶籽種下，經過三年的辛勤勞動，終於培育出該地的歷史名茶——蒙頂茶。後來吳理真因植茶有功，亦被封

為「甘露普慧妙濟禪師」。至今，蒙山仍存據傳為吳理真手植七棵仙茶的仙茶園。

　　唐代陸羽《茶經・八之出》即記載蒙頂茶。蒙頂石花茶在唐代即享盛譽並成為貢品。唐代蘇恭《唐本草》稱：雅州之蒙頂石花、露芽、穀芽為第一。李肇《唐國史補》記載：「劍南有蒙頂石花、小方、散茶，列為第一。」《元和郡縣製》亦稱：蒙山貢茶為蜀之最。

　　唐代不少詩人在詩中對蒙頂茶大為讚頌，白居易詩：「琴

蒙頂甘露茶葉。

裡知聞唯渫水，茶中故舊是蒙山。」劉禹錫詩：「何況蒙山顧渚春，白泥赤印走風塵。」尤為突出的是，在歷史文獻中有不少對蒙頂茶的功效大加描述，最早是五代十國時毛文錫的《茶譜》：「昔有僧病冷且久，曾遇一老僧，謂曰蒙山中頂茶，嘗以春分之先後，多構人力，俟雷之發聲，並手採摘，三日止，若獲一兩，以本處水煎服，即能驅宿疾。二兩，當眼前無疾。三兩，固以換骨。四兩，即為地仙矣。是僧因之，中頂築石以候，得期獲一兩，服未盡而疾瘳。時到城市，人見容貌，常若年三十餘。」相似記載，在地方誌中亦多有

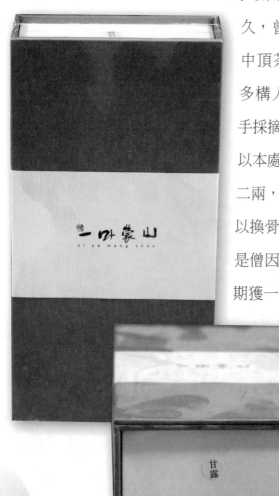

蒙頂甘露包裝。

出現。

　　蒙頂石花茶加工工藝為殺青→炒二→三青→做形提毫→烘。

　　該茶品質特徵：外形扁直勻整，鋒苗挺銳，芽披銀毫；內質毫香濃鬱；湯碧明亮；味醇鮮爽；葉底全芽嫩黃。

　　蒙頂石花茶在中國多次獲獎，主銷西南地區。

蒙頂甘露茶湯。

蒙頂甘露葉底。

11、三里埡毛尖茶：恢復性歷史名茶，產於陝西平利三里埡的條形烘炒綠茶。曾一度失傳，西元一九八四年恢復生產。

三里埡毛尖茶加工工藝為殺青→揉撚→複炒複揉→初烘→提毫→烘足乾。

該茶品質特徵：外形條索緊細，苗秀微曲，色澤翠綠，白毫顯露；內質香氣清新；湯色嫩綠明亮；滋味醇厚爽口；葉底完整，嫩綠明亮。

【第二章 綠 茶】

三里堙毛尖茶主銷北京、西安、濟南等大、中城市。

12、**紫陽毛尖茶**：亦稱紫陽毛峰茶，歷史名茶，產於陝西紫陽大巴山北麓的條形烘炒綠茶。紫陽產茶歷史悠久，唐代即為貢品。光緒壬午年（西元一八八二年）《紫陽縣新志》記載：「紫陽茶每歲充貢，陳者最佳……春分時摘之，葉細如米粒，色輕黃，名曰毛尖白茶，至貴；清明時摘之，細葉相連，如个字狀，名曰芽茶，入水色微綠，較白茶氣力完足，香烈尤倍，以次漸遲，摘之則為蔓子，為草青色，香味俱不及清明、穀雨前者為佳。」

紫陽毛尖茶加工工藝為殺青→揉撚→炒坯→複揉→初烘→理條→提毫→焙香足乾。

紫陽毛尖茶分特級、一至三級共四個等級。

該茶品質特徵：外形條索緊細，勻齊挺直，色澤綠潤，白毫顯露；內質嫩香持久；湯色嫩綠，清澈明亮；滋味鮮爽，醇和回甘；葉底嫩綠明亮，肥嫩完整。

紫陽毛尖茶在中國頻繁獲獎，主銷北京、西安、天津、上海、武漢、廣州等大城市。

其他烘炒綠茶表

名稱	產地	品質特徵
太湖翠竹茶	江蘇無錫	外形扁似竹葉，色澤翠綠；內質清香持久；湯色清澈；滋味鮮醇；葉底翠綠明亮。
開化龍頂茶	浙江開化	外形緊直挺秀，色澤銀綠披毫；內質香氣鮮嫩清幽；湯色杏綠清澈；滋味鮮醇甘爽；葉底成朵勻齊。
天尊貢茶	浙江桐廬	外形細嫩，秀麗似壽眉，色澤綠潤；內質清香持久，含蘭花香；湯色嫩綠；滋味鮮醇爽口；葉底嫩勻完整。
安吉白茶	浙江安吉	外形條索挺直扁平，似蘭花，色澤翠綠，白毫顯露；內質清香四溢；湯色嫩綠，清澈明亮；滋味鮮甜爽口；葉底芽葉肥壯，嫩綠明亮成朵。
望海茶	浙江寧海	外形條索細緊挺直，色澤翠綠顯毫；內質香高持久；具嫩栗香；湯色嫩綠，清澈明亮；滋味鮮醇爽口；葉底嫩綠，明亮勻齊。
磐安雲峰茶	浙江磐安	外形條索挺直，有鋒苗，芽葉肥嫩，色澤翠綠毫嫩；內質香鬱；湯色翠綠明亮；滋味醇和鮮嫩，回味甘甜；葉底嫩綠成朵。
婺州舉岩茶	浙江金華	外形條索稍緊略扁，有茸毫，銀翠交輝；內質清香持久；湯色淺黃清明；滋味鮮醇甘美；葉底嫩黃。

【第二章　綠　茶】

普陀佛茶	浙江舟山	外形細嫩，捲曲呈圓，色澤銀綠隱翠，白毫顯露；內質清香持久；湯色明亮；滋味鮮爽回甘；葉底芽葉成朵。
銀猴茶	浙江遂昌、松陽	外形條索肥壯，白毫顯露；內質栗香持久；湯色綠明；滋味濃鮮；葉底成朵，嫩綠明亮。
方山茶	浙江龍遊	外形挺直顯毫，色澤綠潤；內質清香持久；湯色嫩綠明亮；滋味鮮醇爽口；葉底細嫩成朵。
西澗春雪茶	安徽滁州	外形扁直平伏，色澤翠綠顯毫；內質清花香持久；湯色碧綠；滋味鮮爽；葉底勻整明亮。
雲峰螺毫茶	福建福州、永安	外形螺曲毫茸，色澤銀白透綠；內質香氣鮮嫩清幽；湯色碧綠明淨；滋味鮮醇爽口；葉底嫩綠勻亮。
壁渡劍毫茶	河南商城	外形扁平似劍，色綠顯毫；內質嫩香持久；湯色嫩綠明亮；滋味鮮醇；葉底嫩綠勻齊。
高橋銀峰茶	湖南長沙	外形細緊，捲曲勻整，色澤銀白隱翠，白毫滿披；內質香氣清雅；毫香突出；湯色黃綠明亮；滋味鮮醇回甘；葉底嫩勻明亮。
江華毛尖茶	湖南江華	外形緊細捲曲，色澤墨綠油潤，白毫聚於芽尖；內質香氣鮮高持久；湯色黃綠清亮；滋味鮮醇甘爽；葉底黃綠明亮。
南嶺嵐峰茶	湖南郴州	外形條索肥碩微曲，色澤翠綠多毫；內質栗香高爽；湯色黃綠明亮；滋味鮮醇濃厚；葉底鮮翠綠勻。

洞庭春茶	湖南岳陽	外形條索緊結微曲，芽葉肥碩勻，銀毫滿披隱翠；內質香氣高鮮持久；湯色嫩綠清澈；滋味醇厚鮮味；葉底嫩綠明亮。
岳北大白茶	湖南衡山	外形條索緊結，肥碩微曲，白毫滿披隱翠；內質香氣鮮嫩持久；湯色清澈明亮；滋味鮮醇爽口；葉底嫩綠明亮。
汝白銀針茶	湖南汝城	外形芽頭肥碩重實，銀毫滿披隱翠；內質香氣高銳持久；湯色杏綠明亮；滋味鮮醇回甘；葉底肥嫩勻亮。
雙峰碧玉茶	湖南雙峰	外形條索微曲緊結，銀毫滿披銀翠；內質香氣濃鬱芬芳；湯色黃綠明亮；滋味鮮爽甘甜；葉底勻嫩肥厚。
東山秀峰茶	湖南石門	外形條索緊直，勻整秀麗，鋒苗尖銳，色澤翠綠，白毫顯露；內質嫩香高長；湯色淺綠明亮；滋味鮮爽回甘；葉底嫩綠明淨。
回峰茶	湖南江永	外形條索肥碩挺直，色澤銀白翠綠，白毫緊貼；內質香氣清高；湯色清澈明亮；滋味醇和；葉底嫩綠鮮活。
渝州碧螺春茶	重慶	外形緊細，捲曲似螺，色澤翠綠，白毫顯露；內質嫩香馥鬱；湯色碧綠明亮；滋味鮮爽幽長；葉底嫩綠勻亮。
東印雀舌茶	重慶墊江	外形芽頭肥壯，勻整挺直，色澤翠綠，白毫顯露；內質香氣高爽持久；湯色淺綠明亮；滋味鮮爽回甘；葉底嫩綠肥壯。

巴山雀舌茶	四川萬源	外形扁平勻直，色澤綠潤顯毫；內質香氣高爽；湯色嫩綠明亮；滋味醇厚回甘；葉底嫩勻成朵。
峨眉山峨蕊茶	四川峨眉山	外形條索緊細捲曲，色澤黛綠油潤，金毫如眉；內質香氣清鮮持久；湯色黃綠明亮；滋味醇和鮮爽；葉底嫩黃勻亮。
匡山翠綠茶	四川江油	外形條索緊結，色澤翠綠顯毫；內質香氣濃鬱持久；湯色黃綠明亮；滋味醇和；葉底黃綠，明亮勻整。
峽山雨露茶	四川邛崍	外形緊細捲曲，色澤綠潤，細嫩多毫；內質嫩香馥鬱；湯色黃綠明亮；滋味鮮靈醇爽。
鶴林仙茗	四川邛崍	外形條索緊細，微曲多毫，色澤嫩綠油潤；內質嫩香濃鬱持久；湯色碧綠清澈；滋味鮮醇，爽口回甘；葉底嫩綠勻亮。
山京翠芽茶	貴州安順	外形扁平，色澤翠綠顯毫；內質香氣清鮮持久；湯色清澈明淨；滋味鮮醇回甘；葉底嫩綠鮮活。
瀑布毛峰茶	貴州安順	外形條索緊細捲曲，色澤銀綠隱翠，茸毛顯露；內質清香；湯色嫩綠明亮；滋味鮮醇爽口；葉底勻齊幼嫩。
銀球茶	貴州雷山	外形滾圓勻整，色澤銀灰墨綠；內質香高持久；湯色綠黃，清澈明亮；滋味香醇甘甜。
貴州銀芽茶	貴州湄潭	外形扁削，挺直似劍，色澤黃綠顯毫；內質花香清鮮；湯色黃綠清澈；滋味鮮爽回甜；葉底黃綠明亮，完整勻齊。

九龍山毛尖茶	貴州惠水	外形條索緊捲,色澤翠綠,銀毫披身;內質香氣濃鬱;湯色黃綠清澈;滋味鮮醇;葉底嫩勻鮮亮。
漢水銀梭茶	陝西南鄭	外形扁平似梭,色澤翠綠披毫;內質嫩香持久;湯色清澈明亮;滋味鮮醇回甘。
寧強雀舌茶	陝西寧強	外形緊細挺秀,形似雀舌,色澤翠綠,銀毫披身;內質香氣高長馥鬱;湯色綠亮;滋味醇爽甘甜;葉底嫩綠成朵。
秦巴霧毫茶	陝西鎮巴	外形扁壯顯毫,色澤油潤;內質香氣濃鬱持久,具板栗香;湯色清澈明亮;滋味醇和回甘;葉底成朵,鮮嫩明亮。
巴山碧螺茶	陝西嵐皋	外形緊細捲曲勻齊,色澤黃綠顯毫;內質栗香持久;湯色黃綠明亮;滋味醇厚;葉底嫩綠明亮。
巴山芙蓉茶	陝西嵐皋	外形似花朵狀,色澤黃綠顯毫;內質有青花香;湯色淺綠明亮;滋味鮮醇有花香;葉底嫩綠明亮。
定軍茗眉	陝西勉縣	外形細秀如眉,色澤嫩綠,勻齊顯毫;內質嫩香持久;湯色黃綠明亮;滋味鮮爽;葉底完整。
紫陽翠峰茶	陝西紫陽	外形條索緊直,挺秀顯毫,色澤翠綠;內質嫩香高爽持久;湯色嫩綠明亮;滋味鮮爽,回味甘甜;葉底嫩綠明亮。
紫陽香毫茶	陝西紫陽	外形緊秀,色澤嫩綠顯毫;內質嫩香持久高長;湯色嫩綠清澈;滋味鮮醇回甘;葉底嫩綠明亮。
瀛湖仙茗	陝西安康	外形扁平勻整,色澤銀綠披毫;內質香高持久;湯色綠明;滋味濃醇回甘;葉底嫩綠,肥壯成朵。

【第二章　綠　茶】

（四）曬青綠茶

　　亦稱「曬青」。鮮葉經殺青、揉撚後利用日光曬的綠茶。主要產於雲南、四川、貴州、廣西、湖北、陝西等地，分別被稱為「滇青」、「川青」、「黔青」、「桂青」、「鄂青」、「陝青」等。曬青綠茶大部分以毛茶形式就地銷售，部分再加工後成壓製茶進行內銷和外銷。在再加工過程中，不經堆積處理的如沱茶、餅茶，仍屬綠茶；經過堆積處理的，則屬於黑茶了。

曬茶。

1、滇青茶：歷史名茶，產於雲南省的西雙版納、思茅、臨滄、保山、德宏、大理六個地州所屬三十餘個縣的條形曬青綠茶。滇青生產已有千年的歷史。

　　滇青使用原料為雲南大葉種鮮葉，加工工藝為殺青→揉撚→曬。

　　其成品散茶有春蕊、春芽、春尖和配茶四個花色（見表），其毛茶還可造普洱茶及各種蒸壓茶。滇青品質特徵：外形條

　【第二章　綠茶】

索肥碩粗壯，色澤深綠尚油潤，白毫顯露；內質香氣高，湯色黃綠明亮，滋味濃尚醇，收斂性強，耐沖泡，葉底肥厚。

　　滇青茶主銷雲南、內蒙古、新疆、甘肅、青海及寧夏等地。

滇青茶花色品種表

名稱	品質特徵
春蕊（又稱「滇青一級」）	外形條索肥嫩緊直，鋒苗好，勻整，色澤墨綠潤澤，白毫特多，無雜梗；內質清香濃鬱；湯色黃綠清澈；滋味濃厚爽口；葉底色澤黃綠明亮，嫩勻多芽。
春芽（又稱「滇青二級」）	外形條索肥嫩緊結，有鋒苗，勻整，色澤墨綠尚潤，白毫多，稍有嫩莖；內質清香濃鬱；湯色黃綠明亮；滋味濃厚；葉底色澤黃綠明亮，嫩勻有芽。
春尖（又稱「滇青三級」）	外形肥嫩尚緊，有鋒苗，尚勻整，色澤墨綠調和，白毫尚多，有嫩莖；內質清香；湯色黃綠；滋味尚濃；葉底嫩勻，黃綠稍有紅梗紅葉。
安吉白茶	外形條索挺直扁平，似蘭花，色澤翠綠，白毫顯露；內質清香四溢；湯色嫩綠，清澈明亮；滋味鮮甜爽口；葉底芽葉肥壯，嫩綠明亮成朵。
望海茶	外形條索細緊挺直，色澤翠綠顯毫；內質香高持久；具嫩栗香；湯色嫩綠，清澈明亮；滋味鮮醇爽口；葉底嫩綠，明亮勻齊。

2、**陝青茶：**歷史名茶，產於陝西安康、漢中兩地市的條形曬青綠茶，唐代以前就有生產。

陝青茶加工工藝殺青→揉撚→曬。

該茶共分六個等級，三級以上品質特徵：外形條索緊結；內質香氣芬芳；湯色黃綠；滋味醇和。

陝青茶主銷陝西、新疆、甘肅、青海、寧夏、湖北、河南等，亦有少量拼配出口。

【第二章 綠茶】

（五）蒸青綠茶

　　蒸青綠茶是採用蒸汽殺青工藝做成的綠茶，是中國最早的綠茶加工方法，後傳到日本、印度等國家。中國自明代開始普遍使用炒青工藝後，大部分茶區綠茶的加工方法已不再使用蒸青工藝了。近年來，隨著外銷需求的增加，蒸青綠茶又有了一定的發展，目前已有浙江、臺灣、江西、福建、湖北、四川等省份生產蒸青綠茶。日本、印度等國家綠茶的生產工藝仍採用蒸青方法。蒸青綠茶具有三綠特徵，即乾茶色澤深綠，茶湯碧綠，葉底青綠。大部分蒸青綠茶外形為針狀。

　　1、仙人掌茶：恢復性歷史名茶，為扁形蒸青綠茶。該茶創始於湖北當陽的玉泉寺，創始人為寺中中孚禪師，是唐代大詩人李白的族侄。李白在其《答族侄僧中孚贈玉泉仙人掌茶》的序中，對此茶的肇始及作用有詳細的描述：「荊州玉泉寺近清溪諸山，山洞往往有乳窟，窟中多玉泉交流。⋯⋯其水邊處處有茗草羅生，枝葉如碧玉。惟玉泉真公常採而飲之，年八十餘歲，顏色如桃花。而此茗清香滑熟，異於他者，所以能還童振枯，扶人壽也。余游金陵，見宗僧中孚，示餘茶數十片，拳然重疊，其狀如手，號為仙人掌茶。蓋新出乎

玉泉之山，曠古未覿，因持之見遺。」此茶後仕李時珍《本草綱目》等古籍中還有記載，但作技術失傳。西元一九八一年當陽縣玉泉林場開始恢復試。

仙人掌茶加工分為蒸青→炒青做形→烘定型→增香提毫等工序。

該茶分為特級、一級、二級共三個等級。

仙人掌茶品質特徵：外形扁平似掌，色澤翠綠，白毫顯露；內質清香持久；湯色清澈明亮；滋味鮮醇爽口；葉底嫩綠，勻整成朵。

該茶自恢復生產後多次在中國獲獎，主銷湖北省內一些城市。

2、恩施玉露茶：歷史名茶，主產於湖北恩施五峰山的針形蒸青綠茶。據傳，康熙年間恩施一藍姓茶商始製，初名玉綠。後工藝外傳，宣恩縣慶陽所仿的外形色澤翠綠，毫白如玉，格外顯露，遂改名玉露。西元一九三六年，楊潤之在五峰山建廠，生產玉露茶。

該茶加工工藝分為蒸青→扇乾水氣→揉撚→鏟二毛火→整形上光→烘焙等工序。

該茶分為特級、一至五級共六個等級。

　　恩施玉露茶品質特徵：外形條索細圓直，白毫顯露；內質香氣馥鬱；湯色碧綠；滋味甘醇；葉底翠綠勻整。

　　恩施玉露茶多次在中國獲獎，主銷湖北、河南一些地區，外銷日本。

其他蒸青綠茶表

名稱	產地	品質特徵
連雲山金針茶	湖南平江	外形芽頭秀長勻齊，色澤綠潤，挺直多毫；內質香氣清嫩高純；湯色清亮晶瑩；滋味鮮醇爽口；葉底黃綠，肥軟勻齊。
龍嶺毛尖茶	海南定安	外形條索緊細，色澤翠綠，彎曲多毫；內質湯色清綠明亮；滋味甘醇。
曉光山銀毫茶	雲南臨滄	外形條索緊細，光滑挺直，鋒毫顯露；內質香高持久；湯色碧綠清澈明亮；滋味甘醇；葉底嫩綠勻淨。
曉光山盤雪茶	雲南臨滄	外形緊捲盤曲，色澤銀翠，白毫顯露；內質香高持久；湯色黃綠明亮；滋味濃醇回甘；葉底嫩勻成朵。

【第三章】

白茶

三 白茶

在現代劃分的六大茶類中，白茶的製作、飲用歷史也應較長，在古代的散茶中，就有白茶的雛形。明代田藝衡在其《煮茶小品》中記載：「茶者以火作者為次，生曬者為上，亦近自然，且斷煙火氣耳。……生曬者淪之甌中，則旗槍舒暢，清翠鮮明，尤為可愛。」

現代白茶作一般只有萎凋、燥兩道工序，屬輕微發酵茶，主產於福建的福鼎、政和、建陽、松溪等地，臺灣也有少量生產。由於近期對白茶的科學研究成果突出，所以白茶在中國與國外的銷量都有明顯增加。根據 GB/T22291-2008 規定，白茶按照茶樹品種和原料要求的不同，分為白毫銀針、白牡丹和貢眉三種。早在西元一九六九年，在貢眉生產工藝的基礎上，研製出一種新的工藝，其產品被稱為新工藝白茶。在傳統的商品中尚有壽眉一種。

1、白毫銀針茶：也稱銀針白毫、銀針、白毫，歷史名茶，主產於福建福鼎、政和的針狀白芽茶，因單芽遍披白色茸毛、狀似銀針而得名。福鼎所產稱「北路銀針」，政和所產稱「南路銀針」。

嘉慶元年（西元一七九六年）福鼎首先創製。清代周亮工《閩小記》中有《閩茶曲》，其中第八首稱「太姥山高綠雪芽」，其自注：「綠雪芽，太姥山茶名。」

白毫銀針茶湯。

白毫銀針加工工藝比較簡單，分為剝針→萎凋→燥。

白毫銀針分為特級、一級兩個等級。在《地理標誌產品
政和白茶》（GB/T22109-2008）中白毫銀針茶只有一個等級。

其特級品質特徵：外形芽葉肥壯、勻齊，色澤銀灰白，
富有光澤，肥嫩、茸毛厚，潔淨；內質清純，毫香顯露；湯
色淺杏黃，清澈明亮；滋味清鮮醇爽，毫味足；葉底肥壯，
軟嫩，明亮。一級白毫銀針品質特徵：外形芽鐘瘦長、較勻
齊，色澤銀灰白，瘦嫩、茸毛略薄，潔淨；內質清純，毫香顯；
湯色杏黃，清澈明亮；滋味鮮醇爽，毫味顯；葉底嫩勻明亮。

白毫銀針茶在中國與國外多次獲獎。白毫銀針茶自十九

世紀後期便已出口，二十世紀初盛銷於國際茶葉市場，外銷
德國、法國、愛爾蘭等國；現主銷福建及港澳地區，外銷德國、
美國及東南亞、北歐地區。

白毫銀針葉底的尺寸。

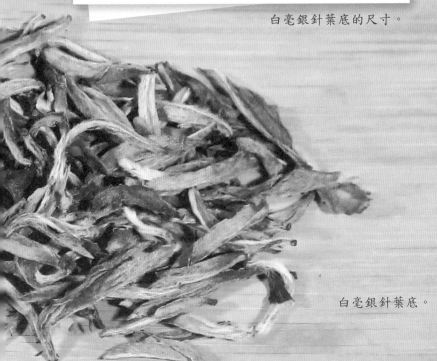

白毫銀針葉底。

2、白牡丹茶：

歷史名茶，產於福建福
鼎、政和等地的葉狀白芽
茶，西元一九二二年前後創
製。因其芽葉相連，兩片灰綠
葉片夾著白毫心，形似花朵，沖泡
後綠葉托著嫩芽，宛若蓓蕾初放的牡丹，
故名。

白牡丹。

　　白牡丹茶加工工藝為萎凋→烘焙。

　　白牡丹茶分為特級、一至三級共四個等級【在《地理標誌產品　政和白茶》（GB/T22109-2008）中白牡丹茶只分特級、一至二級共三個等級】。

該茶特級品質特徵：外形芽葉連枝、葉緣垂捲勻整，色澤灰綠潤，毫心多肥壯、葉背多茸毛，潔淨；內質香氣鮮嫩，純爽毫香顯；湯色黃，清亮；滋味清甜醇爽，毫味足；葉底毫心多，葉張肥嫩明亮。一級白牡丹茶品質特徵：外形芽葉尚連枝，葉緣垂捲尚勻整，色澤灰綠尚潤，毫心較顯尚壯、葉張嫩，較潔淨；內質香氣尚鮮嫩，純爽有毫香；湯色尚黃，清澈；滋味較清甜，醇爽；葉底毫心尚顯，葉張嫩，尚明。

　　白牡丹茶在中國和國外評比中多次獲獎。白牡丹茶主銷中國港澳地區，外銷東南亞及歐、美一些國家。

其他白茶表

名稱	產地	品質特徵
貢眉茶	福建建陽、建甌、浦城	外形芽心較小，色澤灰綠稍黃；內質香氣鮮純；湯色黃亮；滋味清甜；葉底黃綠，葉脈帶紅。
新工藝白茶	福建福鼎	外形呈半捲條形，葉張略有捲褶，色澤暗綠帶褐；內質香清味濃；湯色橙紅；滋味濃醇清甘。
灕江春白茶	廣西桂林	外形芽葉完整，色澤銀灰稍綠，白毫顯露；內質毫香清鮮；湯色杏黃，清澈明亮；滋味甘醇。
仙台大白茶	江西上饒	外形芽葉肥壯，葉片灰綠，白毫滿披，銀白光亮；內質香氣清鮮；湯色清澈；滋味甜醇。

白牡丹茶湯。

不同品牌、形態的白茶。

【第四章】

黃茶

四

黃茶

　　黃茶是基本茶類之一，是從綠茶生產發展而來的。其造工藝中的悶黃，使該茶類具有葉黃、湯黃、葉底黃的三黃特徵。黃茶根據使用的原料不同而分為黃芽茶、黃小茶和黃大茶三類，在中國國頒標準中，則相應地稱為芽型、芽葉型和大葉型。

　　黃茶主產於中國四川、安徽、湖南、浙江、廣東和湖北等省。

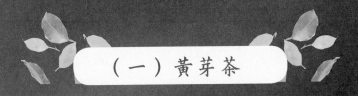

（一）黃芽茶

使用單芽或一芽一葉為原料成的黃茶種類，其特點是沖泡後，茶葉芽尖均向上直立於杯中，具有較強的觀賞價值。中國國頒標準要求，芽形黃茶外形針形或雀舌形，勻齊淨，色澤杏黃；內質香氣清鮮；湯色嫩黃明亮；滋味甘甜醇和；葉底肥嫩黃亮。需要指出的是，近年來一些名茶也冠以黃芽之名，但他們在加工過程中沒有使用悶黃的工藝，且成茶不具備三黃特徵，因此不屬於黃茶。

1、君山銀針茶：歷史名茶，產於湖南岳陽洞庭湖君山島的針形黃芽茶。創製於唐代。君山產茶歷史悠久，品質優異。關於君山銀針茶產生的歷史，有一則動人的傳說。

在很早以前，洞庭湖君山腳下有一漁民名叫張順，與母親相依為命。一日張順打到一尾金絲鯉魚，奉母之命將其放生。鯉魚感激，贈珠為謝。後因種種原因，珍珠掉入岩隙，長出一棵茶樹。張順將茶苗移至自家菜園，茶樹長得越發旺盛。張順採製沖泡後，茶芽像根根銀針似的在水中起落，反復三次。於是此茶被命名為「君山銀針」。

嘉慶九年（西元一八〇四年）《巴陵（舊縣名，即今岳陽）縣誌・物產》記載：「邑茶盛稱於唐，始貢於

五代，馬殷時今之貢茶（此句有誤），皆君山之產。」嘉靖二十五年（西元一八二〇年）《湖南通志·物產》記載：「岳州之黃翎毛，岳陽之含膏冷，唐宋時產名茶。」黃翎毛，即唐代對君山銀針茶的稱謂，因其沖泡後，茶似鳥之黃色羽毛且根根豎立，故名。

君山銀針茶加工工藝為殺青、攤涼→、初烘→攤涼→初包發酵→複烘→攤涼→複包發酵→足火→揀選。

君山銀針茶品質特徵：外形芽頭茁壯挺直，大小長短均勻，白毫完整鮮亮，芽色金黃，有「金鑲玉」之稱；內質香氣清鮮，湯色淺黃，滋味甘甜醇和，葉底黃亮勻齊。

君山銀針茶沖泡時，開始芽頭沖向水面，懸空而立，徐徐下沉杯底，如群筍出土，金槍林立，間或又有芽頭升至水面，起落有致，賞心悅目，具有很高的觀賞價值。

君山銀針茶在中國和國外多次獲獎，主銷中國大中城市及香港、臺灣地區，外銷日本等國。

需要向讀者指出的是，君山銀針成茶現為兩種，一種即傳統

蒙頂黃牙。

的黃茶，一種卻是綠茶，且目前產量還不少。讀者在購買時應加以區別。

2、蒙頂黃芽茶：產於四川名山縣蒙山的扁直形黃芽茶。蒙山產茶歷史悠久，品質優異，自唐代開始便已入貢，且為全國之最。

蒙頂黃芽茶加工工藝為殺青→悶黃→整形提毫→烘焙燥。

蒙頂黃芽茶品質特徵：外形芽葉整齊，形狀扁直，肥嫩多芽，色澤金黃；內質

蒙頂黃芽。

香氣清純，湯色黃亮，滋味甘醇，葉底嫩勻、全芽黃亮。

蒙頂黃芽茶在中國多次獲獎，主銷西南地區。

蒙頂黃牙茶湯。

3、霍山黃芽茶：又稱壽州黃芽茶，歷史名茶，產於安徽霍山大別山腹地的直條形黃芽茶。霍山在唐時即以產茶量多質優而著名。霍山黃芽茶，唐代即以名顯，明清時期尤著。唐代李肇在其《唐國史補》中即有「壽州有霍山黃芽」的記載，列為其時十餘種名茶之一。

乾隆四十一年（西元一七七六年）《霍山縣誌·貢賦》記載：「霍茶黃芽之名，已肇於西漢。《史記》云：壽春之山，有黃芽焉，可煮而飲，久服得仙。則茶稱瑞草魁，霍茶又為諸茗魁矣。六（安）、霍（山）舊隸壽春，天柱石室，古為仙窟，故其茶又名仙芽。」

霍山黃芽茶加工工藝為炒茶→做形→初烘→攤涼→複烘→攤涼→足焙。

霍山黃芽茶原分一至三三個等級，現分為特級、一至三共四個等級。其中特級全部為一芽一葉，而一至三級中一芽一葉所占的比例遞減，而一芽二葉所占的比例漸增。

霍山黃芽茶的品質特徵：外形條索微展，勻齊成朵，形似雀舌，葉色嫩黃，細嫩多毫；內質香氣清高持久；湯色黃綠清澈；滋味醇厚回甘；葉底微黃明亮。

霍山黃芽茶在中國多次獲獎，主銷北京、天津、上海、南京等大中城市。

四川蒙山茶業有限公司生產的茶業包裝。

（二）黃小茶

使用一芽一二葉的細嫩葉成的黃茶種類。是黃茶中品目較多的一類。在中國國頒標準中，要求芽葉型黃茶外形自然型、條形或扁形，較勻齊淨，色澤淺黃；內質香氣清高；湯色黃明亮；滋味醇厚回甘；葉底柔嫩黃亮。

1、溈山毛尖茶：歷史名茶，產於湖南寧鄉溈山的朵形黃小茶，相傳創製於唐代。同治六年（西元一八六七年）《寧鄉縣誌‧物產》記載：「溈山六度庵、羅仙峰等處，皆產茶，惟溈山茶稱為上品。」民國三十年（西元一九四一年）《寧鄉縣誌‧財用錄》更有詳細記載：「溈山茶，雨前摘製，香嫩清醇，不讓武夷、龍井。商銷甘肅、新疆等省，歲獲厚利。」「寧鄉產茶少，溈山茶最名⋯⋯宋元以來，寧茶必有購出受權者。」

溈山毛尖茶加工工藝為殺青→悶黃→揉撚→烘焙→熏煙。

溈山毛尖茶品質特徵：芽葉微捲，呈自然展開蘭花狀，色澤黃亮光潤，白毫滿披；內質松煙香濃厚；湯色橙黃明亮；滋味醇甜爽口；葉底黃亮嫩勻，完整呈朵。

溈山毛尖茶主銷武漢、長沙等大中城市，部分銷往甘肅、

新疆等地。

2、北港毛尖茶：又稱邕湖茶，歷史名茶，產於湖南岳陽北港的黃小茶。創製於唐代。唐代李肇在其《唐國史補》中即有「岳州有邕湖之含膏」，列為十餘種名品之一。據歷史文獻記載，文成公主赴藏與松贊干布和親之時，即帶有此茶，李肇在其《唐國史補》中也有該茶入藏的記載。嘉靖二十五年（西元一八二○年）《湖南通志・物產》記載：「邕湖諸山舊出茶，謂之邕湖茶，李肇所謂岳州邕湖之含膏也。唐人極重之」，「味極甘香，非他處草茶可比。」嘉慶九年（西元一八○四年）《巴陵縣誌》和同治十一年（西元一八七二年）《巴陵縣誌》都有相同的記載：「君山貢茶，所產不多，間以北港茶參之。北崗地皆平岡，出茶頗多，茶味甘香，亦勝他處。」光緒年間的《巴陵鄉土志》記載：「北港茶，每歲出十萬餘斤，得價二十萬串左右，由水運銷行華容九都、安鄉、長沙、湘潭、漢口等處。」

北港毛尖茶加工工藝為殺青→鍋揉→拍汗→複炒複揉→烘。

北港毛尖茶品質特徵：外形緊細，色澤金黃顯毫；內質

香氣清高；湯色黃亮；滋味醇厚回爽；葉底嫩黃明亮。

北港毛尖茶主銷長沙、武漢、上海等大中城市。

3、遠安鹿苑茶：又稱鹿苑毛尖茶、鹿苑茶，歷史名茶，產於湖北遠安鹿苑寺一帶的條形黃小茶，故名。創製於宋代寶慶年間（西元一二二五年～一二二七年）。遠安茶歷史悠久，品質優異。唐代陸羽在《茶經‧八之出》開篇即載：「山南，以峽州上（陸羽原注：峽州生遠安、宜都、夷陵三縣山谷）。」同治五年（西元一八六六年）《遠安縣誌‧山川》記載：「鹿溪山……山下為鹿苑寺，舊有八景，曰：絕品苑……」民國十年（西元一九二一年）《湖北通志‧物產》中記載：「鹿苑茶，《荊門州志》：遠安茶以鹿苑為絕品，每歲所產，不足一斤。」

遠安鹿苑茶加工工藝為殺青→炒二青→悶堆→揀剔→炒乾。

遠安鹿苑茶分特級、一級、二級共三個等級。該茶品質特徵：外形條索環狀，色澤金黃，白毫顯露，內質清香持久，湯色綠黃明亮，滋味醇厚回甘，葉底嫩黃勻整。

遠山鹿苑茶在中國多次獲獎，主銷宜昌、武漢、廣州等

大中城市。

4、溫州黃湯茶：歷史名茶，產於浙江溫州平陽、蒼南、泰順等地的條形黃小茶，因以平陽產量最多，且歷史上主要由平陽茶商收購經銷，故又名平陽黃湯茶。

平陽產茶歷史悠久，民國十五年（西元一九二六年）《平陽縣誌·食貨》記載：「茶，宋崇寧元年（西元一一〇六年）以右僕射蔡京言，產茶州郡，隨所置場，溫州，以平陽。」清朝嘉慶年間（西元一七三六年～一八二〇年），溫州地區已有黃湯茶生產。

溫州黃湯茶加工工藝為殺青→揉撚→悶堆→燥。

該茶品質特徵：外形條索緊結勻整，鋒毫顯露，色澤綠中帶黃油潤；內質香高持久；湯色淺黃明亮；滋味甘醇；葉底勻整黃明亮。

溫州黃湯茶在中國多次獲獎，主銷北京、天津、上海、濟南等大中城市。

（三）黃大茶

使用一芽三四葉或一芽四五葉成的黃茶種類，其產量較大。中國國頒標準中要求大葉型黃茶外形葉大多梗，捲曲略松，尚勻，有梗片，色澤褐黃；內質香氣純正；湯色深黃明亮；滋味濃厚純和；葉底尚軟，黃尚亮。

1、霍山黃大茶：歷史名茶，產於安徽霍山、金寨的條形黃大茶，清代文獻中已有記載。

霍山黃大茶加工工藝為殺青→揉撚→初烘→堆積→烘焙。

霍山黃大茶分三級六等。該茶品質特徵：外形葉大梗長，梗葉相連，色澤金黃油潤；內質香氣高爽焦香；湯色深黃明亮；滋味濃厚醇和；葉底黃亮。

霍山黃大茶主銷山東、山西等地。

2、白雲茶：歷史名茶，產於廣東臺山、新會的條形黃大茶。民國九年（西元一九二〇年）《赤溪縣誌·物產》中記載：「縣境山高石露，故產佳茗，而以深灣三個灣頭大麻等處高山所產為最，有觀音茶、白雲茶、白心茶、紅心茶、石茶等多種。」同書「山川·大望山」條載：「在縣西南三十五里……產白雲茶，難多得，香味絕佳。」

白雲茶加工工藝為殺青→揉條→搓團→包悶→燥。

白雲茶品質特徵：外形條索緊結，色澤綠褐；內質湯色黃明；滋味濃醇帶焦香。

白雲茶主銷廣東省境內大中城市及港澳地區，外銷美國、加拿大、日本等國及東南亞地區，在華僑中享有盛譽。

3、廣東大葉青茶：產於廣東韶關、肇慶、佛山、湛江等地的長條形黃大茶。創製於二十世紀六〇年代。

廣東大葉青茶加工工藝為殺青→揉撚→悶黃→燥。

廣東大葉青茶分一至五級共五個等級，其品質特徵：外形條索肥壯緊捲，身骨重實，老嫩均勻，色澤青潤帶黃，顯毫；內質香氣純正；湯色橙黃明亮；滋味濃醇回甘；葉底淺黃色，芽葉完整。

廣東大葉青茶以僑銷為主，內銷廣東各地。

霍山黃大茶。

【第五章】

烏龍茶

武夷岩茶—大紅袍的起源地。
九龍窠大紅袍石刻。

五
烏龍茶

烏龍茶，又稱青茶，基本茶類之一，屬半發酵茶，是經過萎凋、做青、殺青、揉撚、烘焙工序製出的。該茶類按產地細分，有閩北烏龍、閩南烏龍、廣東烏龍和臺灣烏龍。閩北烏龍的產地包括福建省北部的武夷山、建甌、建陽等地，產品以武夷岩茶為代表；閩南烏龍的產地包括福建省南部的安溪、永春、南安、同安等地，產品以安溪鐵觀音為代表；廣東烏龍的產地包括廣東省東部的潮安、饒平、平遠、蕉嶺等地，產品以潮安的鳳凰單欉和饒平的嶺頭單欉為代表；臺灣烏龍的產地包括臺北、桃園、新竹、苗栗、宜蘭等地，產品以南投的凍頂烏龍和臺北的文山包種為代表。

（一）閩北烏龍

閩北產茶歷史悠久，品質優異。最早提到該地之茶的歷史文獻為唐代元和年間（西元八〇六年～八二〇年）孫樵寫的《送茶與焦刑部書》：「晚甘侯十五人，遣待齋閣。此徒皆乘雷而摘，拜水而和。蓋建陽丹山碧水之鄉，月潤雲龕之品。慎勿賤用之。」《方輿勝覽》載：南唐保大間（西元九四三年～九五七年）命建州製乳茶，號曰京鋌，臘茶之貢自此始，遂罷陽羨茶貢。元大德六年（西元一三〇二年）在武夷山四曲溪邊建立「御茶園」，至今遺址尚存。

閩北烏龍以武夷岩茶為代表。該茶做青時發酵程度較重，乾茶色澤較烏潤，湯色橙黃或橙紅。不同時期對武夷岩茶有不同的劃分。著名的茶學專家陳椽先生根據武夷岩茶獨有的風味和收購類別，分為名岩名叢、普通名叢和品種茶。

名岩名叢有大紅袍、鐵羅漢、水金龜、白雞冠（合稱四大名叢）等；普通名叢有金鎖匙、十里香、不知春、吊金鐘、金柳條、大紅梅等品種；品種茶有鐵觀音、烏龍、梅占、奇蘭、雪梨（即佛手）、肉桂、毛蟹等品種。二〇〇二年，武夷岩茶開始受國家地理標誌產品保護。據國家標準《地理標誌產

品　武夷岩茶》（GB/T18745-2006）規定，武夷岩茶產品分類為大紅袍、名叢、肉桂、水仙、奇種。

武夷岩茶的作工藝除與一般烏龍茶相同外，尚有一些「絕技」，如在做青後進行雙炒雙揉，在毛火、足火後進行燉火，這些技藝對提高武夷岩茶的外形及內質發揮著關鍵作用。

武夷岩茶總體品質特徵：外形條索肥壯，緊結勻整，帶扭曲條形，葉背起蛙皮狀砂粒，色澤綠潤帶寶光；內質香氣馥鬱雋永，具有特殊的「岩韻」；湯色橙黃，清澈豔麗；滋味醇厚回甘，潤滑爽口；葉底柔軟勻亮，邊緣朱紅或起紅點，中央葉肉淺黃綠色，葉脈淺黃色，耐沖泡。

武夷岩茶在中國頻頻獲獎，行銷中國各大城市及台、港、澳地區，外銷新加坡、菲律賓、英國、美國、日本。

1、大紅袍茶：歷史名茶，產於福建武夷山的烏龍茶，為武夷山名茶之王。其作原料來源於武夷岩茶四大名叢之首——大紅袍，故名。

關於大紅袍，武夷山有許多傳說，流傳最廣的有二。其一：很久以前武夷山有一位得道高僧，使用大紅袍茶為人治病。一日，皇帝南巡至武夷山病倒，老和尚便用大紅袍茶將其治

大紅袍

好。皇帝將身上所披大紅袍披在茶樹上，並賜名「大紅袍」。

其二：古時有個窮秀才進京趕考，路過武夷山時病倒，被天心寺方丈發現，用大紅袍茶葉將其治好。秀才對佛像許願：「如今科得中，定返此地重修廟宇，再塑金身。」不久，果然金榜題名，得中狀元並被招為駙馬。他到武夷山還願後，又將大紅袍茶葉帶回京城。恰逢皇后生病，諸藥無效。駙馬讓其連服三碗大紅袍茶後，其身

【第五章 烏龍茶】

體便得以康復。皇帝大喜，將一襲大紅袍交給駙馬，命其將大紅袍披在大紅袍茶樹上以為褒獎，於是人們便將該茶樹稱為「大紅袍」了。

現在九龍窠刻石命名的大紅袍刻石，是寺僧怕遊人亂採，於一九二七年求當時的縣長吳石仙所刻。大紅袍的生長不只一處，現以刻石處懸崖上為正宗，今已停採。也有學者指出，現今九龍窠之大紅袍，實為名叢「奇丹」。

大紅袍茶在明末清初便已採製。二十世紀六〇年代末，崇安茶場在北斗峰和九龍窠的大紅袍衰老茶樹上剪穗扦插成活，北斗峰的命名北斗一號，九龍窠的命名北斗二號。經過多年的試，經專家鑒定，認為北斗品種保存了原有大紅袍的特質。

不同品牌、不同年份生產的大紅袍茶。

大紅袍茶加工工藝為曬青→晾青→做青→炒青→初揉→複炒→複揉→走水焙→簸揀→攤晾→揀剔→複焙→再簸揀→補火。

大紅袍茶根據中國國頒標準分為特級、一級、二級共三個等級。

特級大紅袍茶品質特徵：外形條索緊結、壯實、稍扭曲，色澤帶寶色或油潤，勻整，潔淨；內質香氣銳、濃長或幽、清遠；湯色清澈、豔麗，呈深橙黃色；滋味岩韻明顯、醇厚，回味甘爽，杯底有餘香；葉底軟亮勻齊，紅邊或帶朱砂色，耐沖泡，沖泡七八次仍有餘香。

大紅袍茶。

2、鐵羅漢茶：歷史名茶，產於福建武夷山的烏龍茶，為武夷岩茶的珍品。其作原料源於武夷山四大名叢之一、歷史上最早的名叢——鐵羅漢，故名。同大紅袍一樣，鐵羅漢在歷史上也傳說生長不只一處。一說在慧苑岩內鬼洞（又稱蜂窠坑）內，一說在竹窠岩長窠內，一說在馬頭岩。竹窠岩所產鐵羅漢茶，因其生長條件好，品質不僅超越內鬼洞所產，而且有特殊香味，勝於大紅袍。鐵羅漢加工工藝與大紅袍茶類似，內質香氣馥鬱幽長，「岩韻」突出，多次沖泡有餘香。

武夷山岩茶

3、白雞冠茶：歷史名茶，產於福建武夷山的烏龍茶，為武夷岩茶的珍品。其作原料來源於武夷山四大名叢之一——白雞冠，故名。白雞冠茶原產地亦有二說，一為止止庵白蛇洞口，一為慧苑岩火焰峰下外鬼洞。後者認同較多。該品種早於大紅袍，現已大量成功繁育。關於白雞冠茶的歷史，也有一個傳說。明代有一知府，攜子到武夷山遊玩，其子不幸病倒，醫藥無效。寺僧讓其飲用白雞冠茶，途中竟然痊癒。知府知其藥效，因而向朝廷進貢，於是白雞冠茶便成了御茶了。白雞冠茶加工工藝與大紅袍茶類似，內質香氣「岩韻」突出，多次沖泡有餘香。

4、水金龜茶：歷史名茶，產於福建武夷山的烏龍茶，為武夷岩茶的珍品。其作原料來源於武夷山的四大名叢之一——水金龜，故名。該樹原產在杜葛寨峰下，屬天心寺廟產。有一年，天降大雨，將茶樹沖到牛欄坑近坑底的半岩石凹處。當時該地的蘭谷岩主砌築石圍，壅土培育。該茶樹因從水中得來，人們便稱其為「水金龜」。天心寺與蘭谷岩主為爭奪該樹的產權，於西元一九一九年～一九二〇年曾對薄公堂，不惜耗資千金。對此，時人提寫「不可思議」四字摩崖石刻

於該處。該品種記載見於清代，現已加強繁育。水金龜茶加工工藝與大紅袍茶類似，「岩韻」突出。

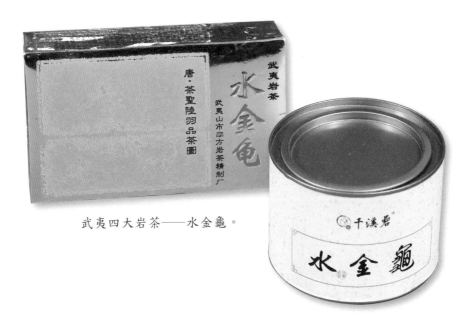

武夷四大岩茶——水金龜。

5、**武夷肉桂茶**：歷史名茶，產於福建武夷山的烏龍茶，為武夷岩茶品類之一，由肉桂品種茶樹鮮葉加工而成，故名。以馬頭岩加工的品質最佳，俗稱「馬肉」。有的專家認為，由於近年來的選拔，肉桂茶的品質已超過大紅袍茶。

武夷肉桂茶加工工藝為曬青→晾青→做青→炒青→揉撚→複炒→走水焙→簸揀→複焙。

武夷肉桂茶根據國頒標準分特級、一級、二級共三個等

級，其特級品質特徵：外形條索緊結、沉重，色澤油潤、砂綠明、紅點明顯，勻整，潔淨；內質香氣濃鬱持久，似有乳香或蜜桃香或桂皮香；湯色金黃清澈明亮；滋味醇厚鮮爽，岩韻明顯；葉底肥厚軟亮，勻齊紅邊明顯。

　　武夷肉桂茶自一九八四年起，五次獲得全國十大名茶稱號，在中國頻頻獲獎。武夷肉桂茶主銷中國各大城市及香港地區，外銷東南亞地區。

肉桂樹。

【第五章 烏 龍 茶】

6、**武夷水仙茶**：歷史名茶，產於福建武夷山的烏龍茶，為武夷岩茶品類之一，由武夷水仙品種茶樹鮮葉加工而成，故名。水仙種於光緒年間移植武夷山。

武夷水仙茶分特級、一至三級共四個等級。其品質特徵為：外形條索肥壯，色澤綠褐而帶寶色，部分有蛙皮狀小白點；內質香氣濃鬱清長，岩韻顯，有特殊的蘭花香；湯色金黃，深而鮮豔；滋味濃厚而醇，回甘爽口；葉底軟亮，葉緣朱砂紅點鮮明。

武夷水仙茶在中國曾獲部優產品稱號，主銷中國各大城市及香港、澳門地區，外銷日本及東南亞地區。

武夷山元堂生產的
百年老叢葉底。

（二）閩南烏龍

閩南烏龍最早仿武夷岩茶。武夷山天心寺與武夷岩茶有著密切的關係。該寺僧釋超全俗名阮文錫，明末清初人，曾從鄭成功抗清，明亡入天心寺為僧。他先後寫出了《武夷茶歌》、《安溪茶歌》。在《安溪茶歌》中他寫道：「西洋番船歲來買，王錢不論憑官牙。溪茶遂仿岩茶樣，先炒後焙不爭差。」民國時期，特別是抗日戰爭時期，武夷山茶銷售受阻，閩南茶得以迅速發展起來。閩南烏龍茶做青時發酵程度較輕，乾茶色澤砂綠潤，湯色金黃或淺金黃，其代表者為安溪鐵觀音茶。

1、安溪鐵觀音茶：歷史名茶，產於福建安溪的烏龍茶，創製於清朝乾隆年間。安溪產茶歷史悠久，品質優異，明清時期已有較大發展。關於安溪鐵觀音茶的誕生，有兩個傳說。

一說福建安溪西坪鄉有一位叫魏蔭（又作魏飲）的茶農，供奉觀音大士十分虔誠。一日夢見觀音大士現身在屋後的山崖上，並且看到懸崖的石縫間長有一棵茶樹，散發著陣陣的蘭花香。魏蔭於是在第二天早上上山去尋找。找到那棵樹後，魏蔭便將其移在自家茶園中，採製成茶後，品質特佳。因所

製之茶外形緊結，沉重似鐵，又拜觀音所賜，故取名「鐵觀音」。

　　另一說是在西坪鄉有一文人王仕讓（又作王仕諒），曾於雍正、乾隆時期為官，一日回鄉，發現一棵形態獨特的茶樹，其香無比，便將其移栽家中。成茶葉後送給當時的禮部侍郎方苞，方苞將茶葉進貢給乾隆皇帝，乾隆大為讚賞，因其產於南岩，賜名「南岩鐵觀音」。

　　嘉靖壬子（西元一五五二年）《安溪縣誌・土產》記載：「安溪茶產常樂、崇善等里，貨賣甚多。」乾隆二十二年（西元一七五七年）《安溪縣誌》記載：聖泉岩「產茶甚佳，而亦絕少」；乾茶，「龍信、崇信出者多，惟

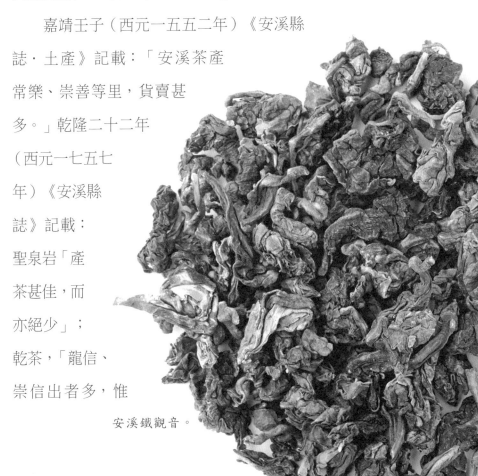

安溪鐵觀音。

鳳山清水岩得名，然少鬻於市。」

現在，安溪鐵觀音茶受原產地域產品保護【《地理標誌產品　安溪鐵觀音》（GB/T19598-2004）】。

安溪鐵觀音加工工藝為攤青→曬青→晾青→搖青→炒青→揉撚→初烘→初包揉→複烘→複包揉→足乾等十幾道工序。

根據中國國頒標準，安溪鐵觀音茶現分為濃香型與清香型兩種，濃香型安溪鐵觀音茶採用傳統工藝生產，與歷史上的產品風格接近。其產品分為特級、一至四級共五個等級。

特級濃香型安溪鐵觀音茶品質特徵：外形條索肥壯、圓結、重實，色澤翠綠、烏潤、砂綠明，勻整，潔淨；內質香氣濃鬱持久；湯色金黃清澈；滋味醇厚鮮爽回甘，「音韻」明顯；葉底肥厚，軟亮勻整，紅邊明，有餘香。

清香型安溪鐵觀音茶採用新工藝，即輕搖青、長時間靜置。清香型安溪鐵觀音茶分為特級、一至三級共四個等級。

特級清香型安溪鐵觀音茶品質特徵：外形條索肥壯、圓結、重實，色澤翠綠潤、砂綠明顯，勻整，潔淨；內質香氣高香；湯色金黃明亮；滋味鮮醇高爽，「音韻」明顯；葉底肥厚軟亮，勻整，餘香高長。

安溪鐵觀音茶在中國和國外頻繁獲獎，內銷中國各大城

市及香港、澳門地區，外銷日本及東南亞。

2、黃金桂茶：又稱黃棪、黃旦、黃金貴、透天香，歷史名茶，產於福建安溪的烏龍茶，創製於清代。該茶品質優異，沖泡時香氣沖天，故名「透天香」；後遠銷東南亞各國時供不應求，於是又有了黃金貴（或黃金桂）的商品名稱了。

黃金桂茶的產生也有一些歷史傳說。一說在一八六〇年前後，灶坑青年王梓琴娶西坪珠洋王淡為妻，王淡出嫁時帶了一棵優良茶樹，因閩南人發音的關係，在以王淡稱其所帶茶樹為名時，便成了「黃棪」或「黃旦」了。

黃金桂茶與鐵觀音茶加工工藝基本相同，為晾青→曬青→晾青→搖青→炒青→揉撚→初烘→包揉→複烘→複包揉→烘等。

黃金桂茶品質特徵：外形條索緊結捲曲，色澤黃綠油潤，細秀勻整美觀；內質香氣高強，清長幽雅；湯色金黃明亮；滋味清醇鮮爽；葉底柔軟，黃綠明亮，紅邊鮮亮。

黃金桂在中國多次獲獎，被許多專家讚賞。著名茶學專家王澤農有「新選名茶黃金桂，堪稱妙藥保丹心」之譽；著名茶學專家陳椽稱讚：「鐵觀音稱王，黃金桂稱霸。」黃金

桂茶內銷中國各大城市及香港、澳門地區，外銷東南亞地區。

3、永春佛手茶：又名香櫞茶，歷史名茶，產於福建永春的烏龍茶，一九三〇年前後創製。傳說永春佛手茶來源於安溪縣。許多年前，安溪一老和尚突發奇想，如果茶中有佛手果實的味該多好呀！於是他在茶農的指導下，將大葉烏龍茶樹的枝條剪下作接穗，嫁接在佛手柑樹上。嫁接成功後，採製其上生長的茶葉真有佛手柑的香味。於是茶農紛紛引種，

【第五章　烏龍茶】

而以永春引種栽培的最早、最為著名。

永春佛手茶加工工藝為晾青→曬青→晾青→搖青→殺青→揉撚→初烘→包揉→複烘→更包揉→足火。

其品質特徵為：外形條索緊捲圓結，肥壯重實，色澤砂綠油潤，勻整美觀；內質香氣馥鬱悠長，似香櫞；湯色金黃明亮；滋味甘厚；葉底柔軟黃亮，紅邊明。

永春佛手茶在中國多次獲獎，主銷福建、廣東及香港、澳門地區，外銷東南亞地區。

4、白芽奇蘭茶：歷史名茶，產於福建平和的烏龍茶，創製於乾隆年間。因該茶樹茶芽呈白綠色，成乾茶又具奇特的蘭花香，故名。

白芽奇蘭加工工藝為晾青→曬青→搖青→殺青→揉撚→初烘→初包揉→複烘→複包揉→足乾。

百年老欉茶。

白芽奇蘭茶品質特徵：外形條索緊結，色澤青褐油潤，稍間蜜黃，勻整美觀；內質香氣清高爽悅，蘭香幽長；湯色橙黃明亮；滋味醇爽，溢品種香；葉底軟亮。

白芽奇蘭茶在中國多次獲獎，主銷廈門、漳州、汕頭、潮州、上海、南京等城市及香港、澳門地區，外銷東南亞地區。

（三）廣東烏龍

廣東是中國烏龍茶主要產區之一，主要分佈在粵東地區，粵北亦有少量生產。廣東烏龍茶的產量占廣東茶葉產量的三分之一強，其產品分為單欉茶、烏龍茶、色種茶三類，而以嶺頭單欉和鳳凰單欉最為著名。早期產品以外銷華僑為主，被稱作「僑茶」，近期發展很快，北銷至北京、天津、上海等大城市，外銷除傳統東南亞市場外，日本、美國等市場亦爭相購銷。

1、**鳳凰單欉茶**：歷史名茶，產於廣東潮安鳳凰山的烏龍茶，創製於明代。因其是從國家級良種鳳凰水仙群體種中選育出的優異單株，單獨加工而成，故名鳳凰單欉。

潮安產茶歷史悠久，據傳南宋末年，宋帝南逃至鳳凰山時，曾用茶水止渴，故傳有宋茶。同治三年（西元一八六四）《廣東通志・物產》引《潮州府志》曰：「潮州鳳山茶，亦名待詔茶，亦名黃茶。」光緒二十八年（西元一九○二年）《海陽（潮安舊縣名）縣誌・雜錄》記載：「鳳凰山有峰曰烏棟，產鳥喙茶，其香能清肺膈。」

鳳凰單欉成茶具有天然的花果香味。按其香型劃分，鳳凰單欉茶具有自然花香型七十九種，天然果香型十二種，其他香型十六種，尤以高香型的黃枝香（栀子花香）、桂花香、蜜蘭香、芝蘭香、茉莉香、玉蘭香、杏仁

鳳凰單欉茶。

189

鳳凰單欉茶。

香、薑花香、肉桂香、夜來香十大香型最為著名。

鳳凰單欉茶加工工藝為曬青→晾青→碰青→殺青→揉撚→烘焙。

鳳凰單欉茶分一至三級共三個等級,其品質特徵:外形挺直,肥碩油潤,色澤黃褐似鱔魚皮;內質具優雅天然花香;湯色橙黃,清澈明亮;滋味濃鬱甘醇,爽口回甘,具特殊山韻蜜味;葉底青蒂,綠腹紅鑲邊,極耐沖泡。

【第五章 烏龍茶】

鳳凰單欉茶在中國頻繁獲獎，主銷中國大中城市及香港、澳門地區，外銷日本及東南亞地區。

鳳凰單欉茶。

　　2、嶺頭單欉茶：產於廣東饒平嶺頭的烏龍茶，創製於一九六一年。饒平產茶，在清代文獻中已有記載。康熙二十六年（西元一六八七年）《饒平縣誌·山川》記載：「待詔山，在縣西南十餘里……土人植茶其上。郡稱待詔茶。」

　　一九六一年嶺頭茶農利用該村鳳凰水仙品種園中一株發芽特早、芽葉黃綠的茶樹單獨採製，後經專家鑒定，命名為嶺頭單欉。

　　嶺頭單欉茶加工工藝為曬青→做青→殺青→揉撚→初焙→包揉→二焙→足乾。

　　嶺頭單欉茶分特級、一至三級共四個等級，其品質特徵：外形緊結尚直，色澤黃褐油潤；內質香氣清高持久，有自然花蜜香；湯色橙黃，清澈明亮；滋味醇爽回甘，蜜韻濃；葉底黃綠腹朱邊，柔軟明亮。

嶺頭單欉茶在中國外多次獲獎，主銷廣東及香港、澳門地區，外銷日本、美國及東南亞地區。

3、石古坪烏龍茶：又名一線紅烏龍茶，歷史名茶，產於廣東潮安鳳凰鄉石古坪村及大質山脈一帶的條形烏龍茶，已有四百多年的歷史。

石古坪烏龍茶加工工藝為曬青→晾青→做青→殺青→揉撚→燥。

該茶分為特級、一至三級共四個等級，其品質特徵：外形條索卷結緊細，身骨較輕，色澤砂綠油潤；內質香氣清高幽長，有花香；湯色綠黃明亮；滋味鮮醇爽滑，有獨特山韻；葉底嫩綠，葉緣一線紅。

石古坪烏龍茶耐沖泡、耐貯藏，主銷中國汕頭、廣州等大中城市和香港、澳門地區，外銷日本及東南亞地區。

4、大葉奇蘭茶：產於廣東饒平、興寧等地的條形烏龍茶，一九八六年創製。

大葉奇蘭茶加工工藝為曬青→做青→殺青→初揉→初焙→複揉→二焙→三焙。

大葉奇蘭茶品質特徵：外形條索緊結壯實，色澤砂綠油潤；

內質香氣高長，花香濃鬱；湯色橙黃，清澈明亮；滋味醇厚，甘滑爽口；葉底軟亮，綠腹紅邊。

大葉奇蘭茶在中國多次獲獎，主銷廣州及香港、澳門地區。

（四）臺灣烏龍

臺灣產茶有一定的歷史，且較普遍，現臺灣地域中，大多產茶。乾隆癸巳年（西元一七七三年）《海東箚記·記土物》記載：「地不產茶，水沙連一種，與茗莽相類，產野番叢箐中曦光不到之處，故性寒可療熱症，然多啜恐胃氣受傷。」

道光二十四年（西元一八四四年）《彰化縣誌·物產志》記載：「茶，出水沙連山，能卻暑消瘴，其餘武彝諸品，皆來自內地。」

咸豐二年（西元一八五二年）《噶瑪蘭廳（今宜蘭縣）志·物產》記載：「茶，土產特多，焙製尚未得法，能避暑消瘴，其餘武彝諸品，皆來自內地。」

而同治十年（西元一八七一年）《淡水廳志》卻記載了

臺灣茶葉生產、貿易的盛況：「此間山平多種茶」，「北嶺高而不險，居民多種茶，有市百餘家」，「茶，產大坪山、大屯山、南港仔山及深坑仔內山最盛」，「淡北石碇、拳山二堡居民，多以植為業。道光年間，各商運茶往福州售賣」；「商賈估客輳集，以淡為台郡第一」，「商人擇地所宜，雇船裝販，近則福州、漳、泉、廈門，遠則寧波、上海、乍浦、天津及廣東。」

　　據歷史文獻研究可知，臺灣本土原亦有少量茶葉生產，然而大多引自中國大陸，且引種者品質更佳；台商將臺灣茶葉運至中國大陸販賣。至今，隨著兩岸經濟往來的不斷增加，兩岸的茶葉生產、貿易也不斷升溫，特別是中國大陸的烏龍茶生產就受台茶的影響而生產了清香型的烏龍茶。臺灣烏龍茶種類花色繁多，以文山包種、凍頂烏龍、木柵鐵觀音、椪風茶為主要代表。

文山包種茶一。

【第五章 烏龍茶】

1、**文山包種茶：**又名清茶，歷史名茶，產於臺灣臺北的條形烏龍茶，是臺灣八大特色茶之一。臺灣「包種茶」來源於大陸，一百多年前福建泉州安溪縣茶農王義程仿照武夷岩茶的造方法加工茶葉。製好後將其四兩包一方包，人們稱之「包種」或「包種茶」。後傳到臺灣。

文山包種茶二。

文山包種茶三。

文山包種茶是臺灣烏龍茶發酵最輕的清香型綠色烏龍茶，成茶外形為條形，這是與臺灣其他包種茶最大的不同之處。文山在歷史上臺灣未建省時隸屬淡水廳，是臺灣生產茶葉最早、茶葉貿易最早、最大的地區。

文山包種茶加工工藝為曬青→晾青→搖青→殺青→輕揉撚→烘。

文山包種茶品質特徵：外形條索緊結整齊，色澤墨綠有油光；內質香氣清新持久，有自然花香；湯色蜜綠或蜜黃色，清澈明亮；滋味甘醇，鮮爽回味強；葉底鮮綠完整。具「香、濃、醇、韻、美」五大特色，有「茶中美人」之譽。

文山包種茶。

文山包種茶在臺灣評比中曾獲獎，主銷臺灣及香港、澳門地區，外銷日本。近年，在大陸亦有一定銷量。

　　2、凍頂烏龍茶：歷史名茶，產於臺灣南投的半球形烏龍茶，是臺灣八大特色茶之一。在臺灣，凍頂烏龍茶有廣義、狹義之分。廣義的指半球型的中發酵茶，一般消費市場都將中焙火烏龍茶稱為凍頂烏龍茶或熟香型烏龍茶。而狹義的則專指南投縣鹿谷鄉所生產的半球型包種茶。凍頂，原作崠頂，山名，該地區早期生長野生茶樹。

五花品級凍頂烏龍茶。

凍頂烏龍茶所用品種系
從大陸引進。據說，在
清朝道光年間（西元
一八二一年～一八五
〇年），臺灣南投縣
鹿谷鄉林鳳池回祖籍福
建科考中舉，回台時帶了
在武夷山購買的三十六株烏龍
茶苗，分別在小半天、大坪頂和凍

凍頂烏龍茶。

頂山三處種植，最後只有凍頂山的
茶苗存活下來，生長旺盛，逐漸繁殖成規模較大的烏龍茶園。
後來林鳳池奉旨進京，便帶了該地生產的烏龍茶獻給道光皇
帝。道光皇帝品飲後大為讚賞，並賜名「凍頂茶」。

凍頂烏龍茶發酵程度中等，其加工工藝為曬青→晾青→
浪青→炒青→揉撚→初烘→多次團揉→複烘→再焙火。

凍頂烏龍茶品質特徵：外形條索緊結整曲、呈半球形，
色澤翠綠、鮮豔有光澤，白毫顯露；內質花香撲鼻，帶焦糖香；
湯色蜜黃或金黃；滋味醇厚甘潤，富活性，回韻強；葉底嫩

【第五章 烏龍茶】

柔有芽。

　　凍頂烏龍茶與文山包種茶是臺灣烏龍茶的代表，向有「北文山，南凍頂」之說。凍頂烏龍茶在臺灣曾獲獎，遠近馳名，在大陸也受到推崇。目前，鹿谷鄉為了提升茶葉品質，由農會每年辦理春、冬優良比賽各一次，將茶葉評為特等獎、頭等獎（頭等壹至頭等拾，頭等）、貳等獎、三等獎、三朵金梅及二朵金梅等六個等級，實行優良比賽茶分級包裝，以利消費者選購。凍頂烏龍茶主銷臺灣及香港、澳門地區，外銷東南亞地區。近年，在大陸亦有一定的銷量。

文山包種茶。

3、高山烏龍茶：又名高山茶，產於臺灣中部、東部海拔一千米以上高山茶區的烏龍茶，除少數品種發酵程度較重外，大多發酵程度較輕。

二十世紀七〇年代，臺灣由於凍頂烏龍茶供不應求，於是在嘉義梅山、瑞里、隙頂、石棹、樟樹湖，南投境內杉林溪、霧社、翠峰，台中縣境佳陽、梨山、福壽山、華崗、大禹嶺等地生產高山茶，其中尤以梅山茶、大禹嶺茶、阿里山茶、梨山茶等最為著名。

台灣高山茶。

【第五章 烏龍茶】

高山烏龍茶加工工藝為日光萎凋→室內萎凋→搖青→殺青→重揉撚→反復布團包揉→烘。

高山烏龍茶品質特徵：外形條索緊結，呈半球形，色澤翠綠，鮮活；內質香氣淡雅，花香突出；湯色蜜綠；滋味甘醇滑軟，厚重有活性。

高山烏龍茶在臺灣曾獲獎，主銷臺灣及香港、澳門地區，外銷東南亞地區。近年，在大陸亦有一定銷量。

4、椪風茶：又名白毫烏龍茶、東方美人茶，歷史名茶，產於臺灣桃園、新竹、臺北等地的烏龍茶。該茶最早叫「膨風茶」。因為該茶菁醜陋，精後又漂亮又好喝，在日本佔領時期茶商姜阿新當時居然賣到了一斤二十元的高價。消息傳出後，沒人相信，紛紛譏笑這款茶「真膨風」，稱為「膨風茶」。後因其名不雅，便改稱「椪風茶」。

該茶為臺灣烏龍茶中發酵程度最重的一種。該茶區因生態良好，因此茶園生有一種小綠葉蟬。茶樹受小綠葉蟬叮食後，茶葉活性酶增加，加工後的茶葉具蜜韻果香，深受消費者的喜愛。英國商人將此茶獻給英國女皇品嘗後，備受稱讚，稱之為「東方美人茶」。

椪風茶加工工藝為日光萎凋→室內萎凋→浪青→炒青→覆濕布回潤→輕揉撚→燥。

　　椪風茶品質特徵：外形條索緊結，白毫肥大，枝葉連理，茶身紅、黃、白、綠、褐五色相間，猶如花朵；內質具熟果香，蜜糖香；湯色黃紅如琥珀；滋味圓柔醇和，回甘深遠；葉底淡褐有紅邊，芽葉成朵。

品茶。

椪風茶在臺灣曾獲獎，主銷臺灣、香港、澳門地區，外銷日本及歐美地區。近年，在大陸亦有一定銷量。

椪風茶。

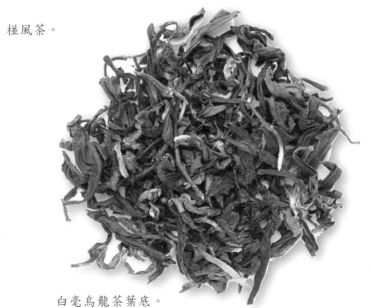

白毫烏龍茶葉底。

其他烏龍茶表

名稱	產地	品質特徵
武夷奇種茶	福建武夷山	外形條索緊結重實，色澤翠潤，勻整，潔淨；內質香氣清高；湯色金黃清澈；滋味清醇甘爽。岩韻顯；葉底軟亮勻齊，紅邊鮮豔。
八角亭龍須茶	福建武夷山、政和	外形條索壯直似龍須，色澤墨綠；內質有花香；湯色橙黃，清澈明淨；滋味醇厚，極耐沖泡。
蓮心茶	福建建甌、建陽、武夷山	外形條索緊細捲曲，帶螺蛳形頭，色澤烏潤、略帶銀灰色；內質香氣濃烈，有蘭花香；湯色橙黃；滋味醇厚，極耐沖泡。
毛蟹茶	福建	外形緊結勻淨，頭大尾尖，茸毛多易脫落，色澤烏潤；內質香氣高爽；湯色黃明；滋味濃醇；葉底軟亮勻整。
本山茶	福建閩南	外形條索壯實沉重、梗鮮亮、細瘦如竹節，色澤鮮潤；內質呈香蕉皮香；湯色橙黃；味清純略濃厚；葉底黃綠，主脈明顯。
梅占茶	福建	外形條索壯實長大、梗肥節間長，色澤褐綠稍帶暗紅色，紅點明；內質香高；滋味濃厚；湯色金黃或橙黃。
漳平水仙茶餅	福建漳平	外形呈小方塊，形似方餅，色澤烏褐油潤；內質香氣高爽純正，具花香；湯色橙黃，清澈明亮；滋味純正甘爽；葉底肥厚黃亮，紅邊鮮明。
松柏長青茶	臺灣南投	外形緊捲、呈半球形，色澤青綠；內質有花香；湯色蜜黃；滋味甘醇濃厚。

木柵鐵觀音茶	臺灣臺北	外形緊結、呈球形，色澤綠中帶褐；內質有熟果香或焦糖香；湯色橙黃顯紅或褐色；滋味甘醇濃厚；有特殊的果酸味。
金萱茶	臺灣	外形緊結重實、呈半球形，色澤翠綠；內質香氣濃鬱，具獨特的奶香；湯色金黃亮麗；滋味甘醇。

毛蟹茶。

【第六章】

黑茶

六

黑茶

　　黑茶是中國六大基本茶類之一，也是中國特有的一大茶類。因其造使用的原料成熟粗大，堆積發酵時間較長，因此成茶色澤油黑或黑褐，故名。黑茶生產歷史悠久，產區廣闊，銷售量大，品種花色很多。從成茶形態上可分為散裝黑茶、壓製黑茶和簍裝黑茶。

　　在傳統的茶學中，黑茶按不同的產地分為四川黑茶（現又稱為藏茶）、湖南黑茶、湖北黑茶、滇桂黑茶。黑茶以邊銷為主，部分內銷，少量僑銷。因此，黑茶習慣上又被稱為「邊茶」。黑茶是中國西北廣大地區藏、蒙古、維吾爾等兄弟民族日常生活中必不可少的飲料。

　　隨著中國大陸生活習慣的改變及人們對黑茶功能性作用研究的發展，黑茶無論在產量、銷量和綜合影響上，都有一定的提高。據《中國茶業年鑑》統計，二〇一五年中國黑茶產量增長百分之十以上，二〇一五年全國茶葉產量二百二十四萬九千噸，黑茶產量十二萬六千噸，占百分之五·六，在六

大茶類中位居第四。在二○一五年中國茶葉區域公用品種價值排行榜中的一百個品牌中，有三個品牌進入，分別是安化黑茶，排名二十五名，品牌價值十六‧二十六億元；六堡茶，排名三十一名，品牌價值十三‧八十二億元；安化千兩茶，排名四十五名，品牌價值十‧九十二億元。

【第六章 黑茶】

（一）四川黑茶

　　最早的黑茶出現於十一世紀，但明代（十六世紀）以前的黑茶，是用四川的綠毛茶經過做色（漚堆）後，蒸壓而成。《明史·食貨志》記載：「設茶馬司於秦、洮、河、雅諸州，自碉門、黎、雅抵朵甘、烏思藏，行茶之地五千餘里。」「又詔天全六番司民，免其徭役，專令蒸烏茶易馬。」至此，中國六大基本茶類的黑茶雛形出現了。到了清代，又按邊銷地域的不同而將「邊引」分為「南路邊茶」和「西路邊茶」。

雅安周公山茶葉有限公司生產的芽細珍茗一。

1、南路邊茶：南路邊茶是以雅安為造中心，包括雅安、榮經、天全、名山、蘆山、邛崍和洪雅等市縣，而以前四個地區為主產地，產品主銷西藏、青海和四川的甘孜、阿壩、涼山自治州，以及甘肅南部地區。因其產品從成都府出南門運往銷區，故名南路邊茶。

民國十七年（西元一九二八年）《雅安縣誌·普通風俗》中記載了雅安黑茶生產及茶業經濟狀況：「漸粗曰金尖、曰金玉。男女歲作工，咸習為摘茶、揀茶、烘茶、焙茶、窖茶、蒸茶、築茶、編包、腳運，自園戶貿於商，商市於番，利分而得一，平民生計衣食資之。」

南路邊茶清代共有兩等六級。上等茶俗稱細茶，有三個等級：毛尖茶、芽子茶（又名芽細茶，榮經又叫「春茗茶」）、芽磚茶（解放後改稱康磚茶）；下等茶俗稱粗茶，也有三個等級：金尖茶、金玉茶和毛穰茶（又名金倉茶）。

上等茶既作邊銷，又作內銷用；下等茶僅作邊銷用。這六級茶原料分別有所不同，品質依次降低。

毛尖茶是用春分前後的綠茶原料加工而成，灑面茶原料細嫩，白毫顯露，鋒苗好，故名。芽細茶是使用清明前後的中檔綠茶原料加工而成，灑面茶條索較緊，嫩芽較多，故名。

芽磚茶又叫磚茶，是用立夏時的中低檔的級外綠茶和做莊茶加工而成，灑麵茶為四至五級綠茶。金尖茶為立夏前後的粗老原料，主要原料為做莊茶，配料中有少量的紅梗，灑面用最好的本山做莊茶。金玉茶是用芒種前後的粗老原料初製的毛莊茶複的做莊茶為主要原料，再配以片末、茶梗和果殼，無灑面。毛穰茶是用夏至以後的原料初製毛莊茶複做莊茶，並加入較多的茶梗、果殼和茶末加工而成。

從用料上不難看出，這兩等六級南路邊茶的品質，一個比一個低，特別是民國十六年（西元一九二七年）以後，南路邊茶品質普遍降低，金尖茶改用金玉茶的原料，金玉茶改用毛穰茶的原料，而毛穰茶品質更差，常常被用作牲畜飼料，故又被稱為「馬茶」。

上面提到了四川黑茶初製的兩個不同的毛茶，一個是毛莊茶，它的加工方法簡單，即將採割後的鮮葉、枝條殺青後直接進行燥，所以毛莊茶色澤青黃，不成條，香氣低。因此，毛莊茶必須經過複才能作為南路邊茶的配料。

而做莊茶則是將原料殺青後經過蒸揉渥堆共十八道工序。雅安茶廠於一九七二年改進了做莊茶的製法，其加工工序簡化為八道：

高溫殺青→第一次揉撚→第一次揀梗→第一次燥→第二次揉撚→渥堆發酵→第二次揀梗→第二次燥。改進後的工藝縮短了週期，降低了能耗，提高了勞動生產率，毛茶的品質無論從外形上還是內質上，都有一定的提高。

（1）**芽細茶：**歷史名茶，最早的芽細茶和毛尖茶一樣，是用綠茶為原料蒸壓成型，因此屬於綠茶類。清末至民國初年，芽細茶磚重一斤，一九三九年康藏茶葉股份有限公司成立後改為

每磚重一斤二兩。至一九六六年生產時又恢復單磚一斤，不久即停產。一九八七年恢復生產後仍為一斤重，外形尺寸為13cm×8cm×2.5cm。現在芽細茶還有散茶，屬於黑茶。周公山茶業有限公司生產的周公山牌芽細珍茗，原料為海拔一千米以上的一芽一葉或一芽二葉的原料成。其品質特徵為：乾茶香氣馥鬱；湯色紅橙明亮；滋味醇厚甘爽；葉底勻嫩。

（2）**康磚茶**：歷史名茶，磚形黑茶，創製於十一世紀。該茶解放前稱芽磚茶，解放後改名康磚茶，使用雅安、樂山所產黑毛茶，集中於雅安進行壓製。宜賓、重慶等地亦有少量生產。該茶主料為做莊茶，灑麵茶為四至五級的綠茶。

其加工工藝為毛茶篩分→半成品拼配→蒸汽壓至定型→燥等。

清代至民國初年，康磚茶每磚重一斤（五百克），一九三九年康藏茶業股份公司成立後，改為每磚重一斤二兩（六百克）。一九六六年康磚恢復每磚重一斤（五百克），尺寸為 16cm×16cm×9cm×4.5cm。現在外觀尺寸有些變化，單磚重大多為五百克。

根據中國國頒標準《緊壓茶 康磚茶》（GB/T9833.4-2002）規定：康磚茶不分等級。其品質特徵：外形圓角長方形，表面平整、堅實，灑面明顯，色澤棕褐；內質香氣純正；湯色紅褐、尚明；滋味純尚濃；葉底棕褐稍花。

康磚茶主銷西藏地區，內地也有少量銷售。

【第六章 黑茶】

吉祥茶廠生產的康磚。

（3）**金尖茶**：歷史名茶，磚形黑茶。金尖茶的產地、創製時間、加工工藝均同於康磚茶，只是由於配料不同，其品質要次於康磚茶。金尖茶全部採用黑茶原料加工而成，做莊茶為其主要原料，配料中有少量的紅梗。其灑面是使用最好的本山茶。

一九六六年金尖茶重量為五斤（二千五百克），尺寸為25cm×17.8cm×10.5cm。現在尺寸和重量均有所變化，單磚有一斤（一百克）、一斤三兩（六百五十克）等。

金尖茶品質特徵：外形磚面平整，堅實，色澤棕褐；內質香氣平和；滋味醇和；湯色紅亮；葉底暗褐粗老。

主銷四川甘孜、西藏昌都地區，中國也有少量銷售。

2、西路邊茶：主產於都江堰、大邑、崇慶、北川、平武等市縣，使用採割來的茶樹枝葉直接曬的毛莊茶為原料，蒸壓加工成的方包茶或圓包茶，一九四九年以後又出現了茯磚茶。主銷四川阿壩藏族自治州及青海、甘肅、新疆等地，因其出成都府西門運往銷區，故名西路邊茶。

（1）方包茶：方包茶的原料是採割一～二年生茶樹枝條，曬後作為主要配料，含梗率多達百分之六十。原來每包重三十七公斤，後改為三十五公斤。

其主要工序為：一，毛茶整理，包括切鍘篩分、分別配料、蒸茶渥堆；二、炒茶築包，其特點是在炒茶時要加入煮沸的茶汁；三，燒包晾包，燒包即將築好的茶包緊密排列，使其堆積氧化後促使內質轉化，晾包即自然燥。

方包茶的品質特徵為：外形蔑包方正，四角稍緊；乾茶色澤黃褐，稍帶煙焦氣；湯色紅黃；滋味醇正；葉底黃褐。

方包茶主銷四川阿壩及甘肅南部地區。

【第六章 黑茶】

（2）**茯磚茶**：四川省於一九四九年在邛崍、灌縣、北川等縣發展伏磚茶生產。為與湖南茯磚茶區別，使用「人民團結牌」為商標。其規格為 35.6cm×25cm×5.3cm，重量三公斤。

最初，四川茯磚茶同樣使用手採老葉或修剪枝葉，殺青後直接燥而成的「毛莊茶」為主要配料。由於使用該原料的茯磚茶色澤枯黃，茶汁不易熬出，品質較差，後來便改用「做莊茶」了。

該茶的加工工藝為：一，毛茶整理，包括配料，即配以一定的級外曬青毛茶、茶果外殼、黃片、茶末，要求含梗率百分之二十左右；二，蒸茶築磚；三，發花。

該茶品質特徵為：外觀磚形完整，鬆緊適度；乾茶黃褐顯金花，香氣純正；湯色紅亮；滋味醇和；葉底棕褐均勻。

四川省茯磚茶主銷四川阿壩及甘肅、青海等地。

白沙溪天茯茶一。

（二）湖南黑茶

湖南黑茶原產於安化。據歷史文獻記載，安化在明代嘉靖年間（西元一五二二年～一五六六年）已生產黑茶，至清初已有很大發展。據同治十一年（西元一八七二年）《安化縣誌·時事紀》記載：「國初，茶日興，販夫販婦，逐其利者十常八九。遠常亦日至，曰引莊、曰曲沃莊、曰滾包莊。滾莊茶尚黃，曲沃茶尚黑，引莊如之，皆西北商也。……海內名茶，以安化為上品。」後來，湖南黑茶的產區，擴大到桃江、沅江、寧鄉、漢壽、益陽和臨湘等地，而產品以安化、益陽為最優異。

湖南黑毛茶經殺青→初揉→渥堆→複揉→燥等工序成。

湖南黑毛茶共分四級，高檔茶尚嫩，低檔茶較粗大。一級黑毛茶原料為一芽三四葉，條索緊卷、圓直，葉質尚嫩，色澤烏黑。二級黑毛茶原料為一芽四五葉，條索尚緊，色澤黑褐尚潤。三級黑毛茶原料為一芽五六葉，條索欠緊，呈泥鰍條，色澤純淨呈竹葉青帶茶油色或柳青色。四級黑毛茶葉張寬大粗老，條鬆扁皺折，色褐黃。

湖南黑毛茶精而成的最著名的是「三磚」——茯磚、黑

磚、花磚，「三尖」——天尖、貢尖、生尖（一度曾分別改稱為湘尖一號、湘尖二號、湘尖三號），「一千兩」。

湖南黑茶主銷新疆、甘肅、青海、西藏、內蒙古等地區，少量銷往俄羅斯、蒙古等國，目前中國亦有一定銷量。

1、茯磚茶：歷史名茶，磚塊形蒸壓黑茶，創製於西元一八六〇年前後。因早期認為資江水質不如涇水好，不能發花，所以當時將安化黑毛茶踩成每包重一百八十斤的篾簍大包，運往陝西涇陽壓製成磚。早期稱作「湖茶」；又因在涇陽築製，又稱「涇陽磚」；又因為在伏天加工，又名「伏茶」；又因該茶具有土茯苓的功效，又別稱為「茯茶」，後統一稱

黑茶茶磚。

為「茯茶」。

由於將安化黑毛茶運往陝西涇陽加工壓製，路遠耗時，產銷均很困難。湖南白沙溪茶廠經過實驗，於一九五一年在安化就地加工茯磚茶成功。此後，湖南益陽縣和臨湘縣分別於一九五八年和一九六九年生產茯磚茶。四川省於一九四九年在邛崍、灌縣、北川等地生產茯磚茶，為與湖南所產茯磚茶相區別，使用「人民團結牌」商標。根據國頒標準《緊壓茶　茯磚茶》（GB/T9833.3-2002）規定，茯磚茶分為特茯磚茶（簡稱特茯）和和普通茯磚茶（簡稱普茯），均不分級。

特級茯磚茶以三級黑毛茶為主；普通茯磚茶以四級黑毛茶為主，少量為三級。而後的地方標準《安化黑茶　茯磚茶》（DB43/T569-2010）將茯磚茶分為超級茯磚茶、特茯磚茶和普通茯磚茶三種。

超級茯磚茶的原料為特、一級安化黑毛茶，外形規格多樣，品質特徵：外觀鬆緊適宜，發花茂盛；內質菌花香純正；湯色紅黃；滋味醇厚；葉底黃褐、尚嫩，葉片尚勻整。

特茯磚茶的原料為二至四級安化黑毛茶，品質特徵：磚面平整，邊角分明，厚薄基本一致，壓製鬆緊適度，發花普遍茂盛；內質香氣純正菌花香；湯色橙紅；滋味醇和；葉底黃褐，

葉片尚完整，顯梗。

普通茯磚茶原料以四級以下安化黑毛茶為主，品質特徵：外形與特茯磚茶相同；內質香氣純正，有菌花香；湯色橙黃；滋味醇和或純和；葉底棕褐或黃褐，顯梗。

茯磚茶在中國多次獲獎，除邊銷和少量外銷外，中國大中城市也有一定銷量。

現在黑茶的其他產區也有茯磚茶生產。特別是陝西涇陽恢復的茯茶，較著名的一是陝西高香茶業有限公司生產的「涇陽人民茯磚茶」，手工築製，磚重四百克；一為陝西涇陽涇普茶業有限公司生產的大唐茯茶，袋裝，二百五十克。特別是後者，菌花茂盛，菌香濃鬱。

益陽茶廠生產的一品茯茶。

2、黑磚茶：歷史名茶，產於湖南安化縣的磚塊形蒸壓黑茶，西元一九三九年創製。磚面有凸凹兩種字模，「安化黑磚」四字使用凸模，因此被稱為「鼓字老牌安化黑磚」；磚面還有「湖南省磚茶廠壓製」八字使用凹模，又被稱為「八字磚」。

白沙溪茶廠生產的黑磚茶一。

最初的黑磚茶生產是為了外銷蘇聯，部分邊銷。黑磚茶以三級安化黑毛茶為主要原料，拼入部分四級安化黑毛茶。早先的黑磚茶，根據採用的原料等級的不同分為四個品種，磚面上勘刻阿拉伯數字 1、2、3、4，分別表示該茶是以天字堆原料、地字堆原料、人字堆原料、和字堆原料為主。

黑磚茶加工工藝為篩製→除雜→拼堆→蒸汽壓製→烘等。

茯磚茶。

黑磚茶過去壓製工藝分為灑面和包心，把差的茶壓在裏面，把好的茶壓在磚面，壓製技術繁瑣，內外品質不一。一九六七年白沙溪茶廠進行技術改革，在提高面茶和裡茶品質的同時進行面茶裏茶混合壓製。為適應市場需求，黑磚茶現有四斤、一斤和九兩三種規格。在中國國頒標準《緊壓茶黑磚茶》（GB/T9833.2-2002）中，黑磚茶不分等級，而在地方標準中，黑磚茶分為特黑磚茶和普通黑磚茶兩個等級。

特黑磚茶品質特徵：外形磚面平整，圖案清晰，棱角分明，厚薄一致，色澤黑褐，無雜黴；內質香氣純正或帶高火香；湯色紅黃；滋味醇厚微澀；葉底黃褐或帶棕褐，葉張完整，帶梗。

普通黑磚茶的品質特徵：外形同特黑磚茶；內質香氣純正或帶松煙香；湯色橙黃；滋味醇和微澀；葉底棕褐，葉張勻整，有梗。

黑磚茶在中國多次獲獎，除外銷和邊銷外，在中國大中城市亦有銷售。目前安化還生產一種利用安化雲臺山大葉種野生古茶樹之陳藏老茶梗為主要原料的黑磚茶，使用傳統方法壓製成四百克重的磚，該茶內含物質充分，滋味醇厚，入口順滑，口感甘潤，持久耐泡。

3、千兩茶：又稱花卷茶，歷史名茶，產於湖南安化的圓柱狀黑茶。道光元年（西元一八二一年）陝西商人雇人到安化採購黑茶，將黑茶先是踩捆成包，後又加工成小圓柱形的「百兩茶」。清朝同治年間（西元一八六二年～一八七四年）晉商「三和公」茶號在「百兩茶」的基礎上，採用高家溪、馬家溪的優質黑茶，增加重量，捆壓成長一百六十七公分，圓周五十七公分，淨重一千兩（舊製，十六兩為一斤），故名「千兩茶」。合今製六十二‧五市斤，三十一‧二十五公斤。

千兩茶以安化二、三級黑毛茶為原料，經篩分→揀剔→拼堆→汽蒸→裝簍→壓製→燥等工藝加工而成。目前安化千兩茶的規格分為千兩茶、五百兩茶、三百兩茶、百兩茶、十六兩茶等。

千兩茶加工技術性強，且十分保密，過去只傳兒子、兒媳，不傳女兒、女婿。一九五二年白沙溪茶廠招聘千兩茶作後人加工生產千兩茶，至一九五八年後停止生產。一九八三年曾一度恢復生產。一九九七年後，白沙溪茶廠逐漸恢復了千兩茶的生產。

湖南省地方標準《安化黑茶　千兩茶》（DB43/T389-

2010）指出千兩茶品質特徵：外形茶葉色澤黑褐，圓柱體型，壓製緊密，無蜂窩巢狀，茶葉緊結或有「金花」；內質香氣純正或帶松煙香、菌花香，十年以上千兩茶帶陳香味；湯色橙黃或橙紅；滋味醇厚，新茶微澀，五年以上千兩茶醇和，甜潤；葉底深褐，尚嫩勻，葉張較完整。

　　千兩茶主銷山西、陝西、寧夏、甘肅、內蒙古等地，現在在中國亦有一定銷量。

千兩茶。

4、花磚茶：歷史名茶，由千兩茶發展而來。鑒於千兩茶加工繁瑣，物耗較大，一九五八年白沙溪茶廠試用機器壓製出規格為 35cm×18cm×3.5cm 淨重四斤磚茶。因該磚茶四周壓有花紋，且源於花卷茶（千兩茶別名），故名「花磚茶」。

花磚茶幾乎全部使用三級安化黑毛茶為原料，僅用少部分二級安化黑毛茶壓製。其加工工藝為篩分→半成品拼配→蒸汽渥堆→壓製定型→燥等。

為適應市場需求，花磚茶現有四斤、一斤和九兩三種規格。根據中國國頒標準《緊壓茶 花磚茶》（GB/T9833.1-2002）規定，花磚茶不分等級；而地方標準中則分為特花磚茶和普通花磚茶兩種。

特花磚茶品質特徵：外形磚面平整，花紋圖案清晰，棱角分明，烏黑油潤，無黴菌；內質香氣純正或帶松煙香；湯色紅黃；滋味醇厚微澀；葉底黃褐，葉張尚完整，帶梗。

普通花磚茶品質特徵：外形除色澤黑褐外，其他與特花磚茶相同；內質香氣純正或帶松煙香；湯色橙黃；滋味濃厚微澀；葉底棕褐，有梗。

花磚茶在中國多次獲獎，銷區大致與千兩茶銷區相同。

5、天尖茶：貢尖茶生尖茶統稱「三尖」或「湘尖」，歷史名茶，產於湖南安化的條形簍裝茶，創製於清朝乾隆年間（西元一七三六年～一七九五年），為黑茶中的上品。「三尖」最初為每簍淨重一百斤。道光年間（西元一八二一年～一八五〇年），天尖和貢尖曾列為貢品。一九七二年，天尖茶、貢尖茶和生尖茶分別改名為「湘尖一號」、「湘尖二號」和「湘尖三號」，一九八三年恢復傳統產品時又將其名稱改回。

三尖加工技術為篩分→拼堆→計量→汽蒸→壓製定型→晾置燥→包裝等，但其使用原料、裝簍技術和每簍茶重均有不同。

天尖茶使用細嫩的安化特級、一級黑毛茶為原料，貢尖使用安化一、二級黑毛茶為原料，生尖使用安化三、四級黑毛茶為原料。

天尖茶每簍重二十斤，貢尖茶每簍重十八斤，生尖茶每簍重十六斤。為便於識別，簍包刷嘜不同的顏色，天尖茶刷紅色，貢尖茶刷綠色，生尖茶刷黑色。現在，三尖已改為十斤、四斤、二斤的小簍包裝或紙盒、鐵罐等小包裝形式。目前湖南益陽在繼承傳統加工技術的基礎上，加工出小包裝（五克）金花天尖茶，便於消費者飲用。

天尖茶品質特徵：外形團塊狀，有一定的結構力，搓散團塊，茶條緊結扁直，色澤烏黑油潤；內質香氣高純；湯色橙黃；滋味濃厚；葉底黃褐夾帶棕褐，葉張較完整，尚嫩，勻整。

貢尖茶品質特徵：外形除色澤油黑帶褐外，其他與天尖茶相同；內質香氣尚高；湯色橙紅；滋味醇厚；葉底棕褐，葉張較完整。

生尖茶品質特徵：外形除茶條粗壯呈泥鰍條，色澤黑褐外，其他與天尖茶相同；內質香氣純正；湯色橙紅；滋味醇和尚濃；葉底黑褐，寬大肥厚。

天尖茶在中國多次獲獎。三尖主銷陝西和華北地區。

2014 年湖南省白沙溪茶廠股份有限公司生產的天尖茶。

二十世紀五六十年代的天尖茶。

【第六章 黑茶】　　各種天尖茶。

二十世紀五六十年代的老天尖茶。

（三）湖北黑茶

湖北黑茶，主產於湖北咸寧、蒲圻、崇陽、通山等地，以老青茶為代表，常壓製成緊壓茶後銷售。老青茶分「面茶」和「裡茶」兩種，有灑面、底面（又稱二面）、裡茶三個級別。灑面原料以當年新梢白梗為主，稍帶紅梗，色澤烏綠油潤，條索較緊結；底面茶以當年新生紅梗為主，稍帶白梗，色澤欠潤泛黃，葉片成條；裡茶則為當年紅梗，色澤黃綠微花雜，葉片卷皺。含梗量：灑面茶和底面茶為百分之十八～二十，裡茶不超過百分之二十五。

面茶的加工技術為殺青→初揉→初曬→複炒→複揉→渥堆→燥；裡茶的加工技術為殺青→揉撚→渥堆→燥。

湖北趙李橋茶廠生產的青磚茶一。

1、**青磚茶**：歷史名茶，轉形黑茶。因磚面上壓有凹型的「川」字，所以又稱為「川」字磚；又因集中在羊樓洞地區壓製，故又稱「洞磚」。產於湖北咸寧、蒲圻、崇陽、通山、通城、嘉魚和湖南臨湘。

青磚茶上壓有一凸出的「」標記，意指好茶。根據銷區反映，此文乃蒙文茶字的誤寫。該茶創製於清朝光緒十六年（西元一八九〇年）前後。民國十年（西元一九二一）《湖北通志・風俗・蒲圻縣》記載：「周順倜《艮思堂集・蓴川竹枝詞》：『三月春風長嫩芽，村莊少婦解當家。殘燈未掩黃粱熟，枕畔呼郎起採茶。茶鄉生計即山農，壓作方磚白紙封。別有紅箋書小字，西商監自芙蓉。』原註：每歲西客於羊樓峒買茶，其磚茶用白紙緘封，外粘紅籤，題本號監仙山名茶等字。芙蓉山在西鄉。」較詳細地記載了青磚茶的造、包裝及在當地經濟的作用。

青磚茶最早為晉商在湖北蒲圻羊樓洞、崇陽大沙坪、咸寧柏墩和湖南臨湘羊樓司、聶家市等地壓製，後來俄商亦在漢口設莊壓製。青磚茶過去以每箱所裝片數命名，分為「二七」、「三九」（每片均為四斤）、「二四」（每片六斤半）和「三六」（每片三斤）四種不同規格。「二七」和「三九」

青磚茶暢銷西北各地，以內蒙古包頭市為集散地，統稱「西口茶」；「二四」和「三六」青磚茶暢銷中國內蒙古、蒙古人民共和國和前蘇聯等地，以河北張家口市為集散地，統稱「東口茶」。

進入二十世紀後，青磚茶幾乎為俄商獨佔。西元一九一〇年～一九一五年是湖北青磚茶的盛期，最高產二萬五千九百噸。一九四九年以後，青磚茶只生產「二七」規格一種，集中在湖北趙李橋茶廠加工。青磚茶的壓製工藝包括篩製、汽蒸壓形、燥等。根據國頒標準《緊壓茶　青磚茶》（GB/T9833.9-2002）　規定，其品質特徵：外形磚面光滑，棱角整齊，緊結平整，色澤青褐，壓印紋理清晰；內質香氣純正；湯色橙紅；滋味醇和；葉底暗褐。

福建安溪茶廠的老天尖茶茶罐。

【第六章 黑茶】

（四）滇桂黑茶

　　雲南和廣西兩省區為中國黑茶的重要產區，在茶界內一般合稱為滇桂黑茶。

　　中國西南地區，包括雲南、四川和貴州，是世界茶樹的起源中心。雲南產茶，歷史早有記載。唐代樊綽在唐咸通四年（西元八六三年）寫成的《雲南志》（舊稱《蠻書》）中的卷七「雲南管內物產」中記載：「茶出銀生城界諸山，散收無採造法。蒙舍蠻以椒、薑、桂和烹而飲之。」

　　乾隆元年（西元一七三六年）《雲南通志》卷之三「山川」記載：六茶山：「曰攸樂，即今同知之治所，其東北二百二十里曰莽芝，二百六十里曰革登，三百四十里曰蠻磚，三百六十五里曰倚邦，五百二十里曰漫撒，山勢連屬，複嶺層巒，皆多茶樹。」卷之二十六「古跡」記載：「莽芝有茶王樹，較五山茶樹獨大，相傳為武侯遺種，今夷民猶祀之。」

　　道光十五年（西元一八三五年）《雲南通志稿》卷之二十三亦記載：「革登有茶王樹。」經現代茶學工作者的考察，在雲南的一些地方發現了距今八百年以上的野生茶樹和栽培型古茶樹；在一些地方還發現了野生茶樹林、栽培型古茶林。

1、雲南普洱茶：傳統的雲南普洱茶屬於黑茶，其最早而又詳細的記載，見於道光十五年（西元一八三五年）《雲南通志稿》卷之七十，食貨志六之四，物產四的普洱府中所刊載清人阮福的《普洱茶記》：「普洱茶，名遍天下，味最釅，京師尤重之。……李石《續博物志》稱：茶出銀生諸山，採無時，雜椒、薑烹而飲之。普洱古屬銀生府，則西蕃之用普茶，已自唐時。……本朝順治十六年，平雲南，那酉歸附，旋叛

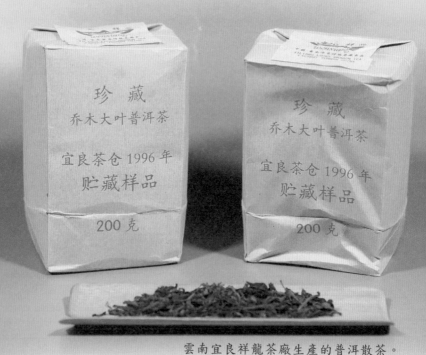

雲南宜良祥龍茶廠生產的普洱散茶。

【第六章　黑　茶】

伏誅，編隸元江，通判以所屬普洱等處六大茶山，納地設普洱府，並設分防思茅同知，駐思茅。思茅離府治一百二十七里，所謂普洱茶者，非普洱府界內所產，蓋產於府屬之思茅廳界也。廳治有茶山六處，曰倚邦、曰架布、曰嶍崆、曰蠻磚、曰革登、曰易武，與《通志》所載之名互異。福又檢貢茶案冊，知每年進貢之茶，例於布政司庫銅息項下動支銀一千兩，由思茅廳領去轉發採辦，並置辦收茶錫瓶、緞匣、木箱等費。

雲南宜良祥龍茶廠生產的普洱散茶。

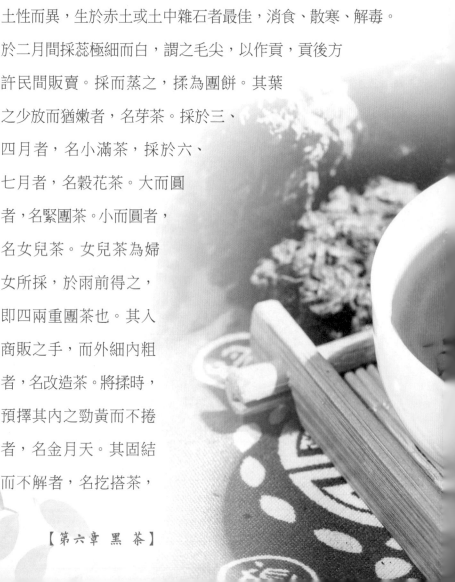

其茶在思茅本地收取鮮葉時，須以三四斤鮮茶，方能折成一斤乾茶。每年備貢者：五斤重團茶、三斤重團茶、一斤重團茶、四兩重團茶、一兩五錢重團茶，又瓶盛芽茶、蕊茶，匣裝茶膏，共八色。思茅同知領銀承辦。……又云：茶產六山，氣味隨土性而異，生於赤土或土中雜石者最佳，消食、散寒、解毒。於二月間採蕊極細而白，謂之毛尖，以作貢，貢後方許民間販賣。採而蒸之，揉為團餅。其葉之少放而猶嫩者，名芽茶。採於三、四月者，名小滿茶，採於六、七月者，名穀花茶。大而圓者，名緊團茶。小而圓者，名女兒茶。女兒茶為婦女所採，於雨前得之，即四兩重團茶也。其入商販之手，而外細內粗者，名改造茶。將揉時，預擇其內之勁黃而不捲者，名金月天。其固結而不解者，名疙瘩茶，

味極厚，難得。」該文較詳細地講述了傳統的普洱茶的種類及加工方法。因為這種傳統的普洱茶成後經過長時間的陳化，所以在傳統的茶學中將其歸入黑茶類。

雲南普洱茶湯。

新中國成立後，由於社會的原因，普洱茶生產由傳統的加工工藝向現代的加工工藝轉變。為弄清這段歷史，我分別採訪了曾在廣東省茶葉進出口公司任職過的桂埔芳女士和曾在雲南省茶葉進出口公司任職過的白文祥先生，期間還採訪了兩地從事茶業工作人員。而白文祥先生作為雲南普洱茶工作者，為了瞭解這段歷史也曾在廣東著名茶人梁振龍先生在世時兩次找梁先生瞭解情況。現在綜合上述所得，盡可能地真實地向讀者介紹這一段珍貴的歷史。

廣州盈譽茶葉有限公司、雲南臨滄江雙龍古茶園茶廠生產的生普洱茶。

雲南省宜良祥龍茶廠生產的遠年喬木老樹生餅茶。

廣州盈譽茶葉有限公司、雲南臨滄江雙
龍古茶園茶廠生產的生普洱茶。

二十世紀五〇年代初，港澳市場普洱茶供應緊張脫銷，而廣州待加工青毛茶大量積壓。為適應市場的需求，廣東省茶葉進出口公司於一九五五年開始，著手進行普洱茶人工加速後發酵的生產工藝研究，並成立了由袁勵成、曾廣譽、張成組成的「三人攻關技術小組」，袁勵成任組長，於一九五七年獲得成功。

　　廣東普洱茶加工的中心在距今廣州芳村茶葉貿易市場不遠的大沖口堤岸東街十一號，並以此為中心向四周輻射，生產地域東起汕頭、普寧，南至深圳、惠陽，西至肇慶、羅定，北至韶關、英德。

　　一九五九年，廣東省茶葉進出口公司應香港慎昌、同昌兩大茶行聯手包銷的要求，壓製出口七子餅茶近百噸、沱茶十餘噸。廣東普洱茶的原料，由單一的雲南大葉種而走向大、中、小葉種共容並用；原料供應地則由雲南、廣東、廣西等省區擴大到海南、四川等地區，甚至包括越南、緬甸、泰國等國家的茶區。

　　廣東普洱茶的加工工藝分為：潤水→渥堆→翻堆→解塊→再渥堆→攤晾→起堆→篩分→整形→拼配→裝包等。

　　廣東普洱茶出口貨號，散茶「1059」、「74201」，餅茶

一般標中茶商標。一九八四年廣東省茶葉進出口公司在廣東英德召開了全省普洱茶加工現場會議，整理收集了普洱茶的加工原理、操作規程、茶機造、倉存儲舊、生化研究、防蟲除蟎等論文十二篇，編輯成《普洱茶加工技術資料彙編》。但由於當時客觀條件的限製，這些資料一直未對外發表。

從二十世紀九〇年代後期開始，因人工成本上漲和珠江

廣州盈譽茶葉有限公司生普洱茶葉底。

水污染等因素的影響，廣東
普洱茶廠陸續退出生產，茶
商們逐漸轉向在雲南收購原
料並就地加工後調回廣東銷
售。由於廣東普洱茶生產已
成為歷史，特贅記於此。其
後並對我飲用過的廣東普洱
茶品質特徵進行介紹。

雲南宜良祥龍茶廠生
產的老樹生沱茶。

雲南宜良祥龍茶廠生產的老樹熟餅茶。

雲南宜良祥龍茶廠生產的老樹和生普洱茶。

雲南省於一九七三年組織技術人員赴粵參觀學習現代普洱茶加工工藝。領隊為昆明茶廠書記，成員有昆明茶廠吳啟英、勐海茶廠鄒炳良及普洱茶廠、下關茶廠、瀾滄茶廠多名技術人員，當年返回雲南自行研發，於一九七四年在昆明茶廠製出第一批用現代加工工藝成的普洱散茶，商檢局確定出口商檢號為「74091」。

雲南宜良祥龍茶廠生產的老樹熟沱茶。

根據《中華人民共和國農業行業標準　普洱茶》（NY/T779-2004）規定：普洱茶分為普洱散茶、普洱壓製茶、普洱袋泡茶和普洱即溶茶四類。

普洱散茶是以雲南大葉種芽葉為原料，經殺青、揉撚、曬等工序成的各種嫩度的曬青毛茶，經熟成、整形、歸堆、拼配、殺菌而成，細分為普洱金芽茶、宮廷普洱茶及特、一至五級共八個花色品種。

普洱壓製茶是用各種級別的普洱散茶半成品，根據市場

其後中國國頒標準：《地理標誌產品　普洱茶》（GB/T22111-2008）對普洱茶的定義為：「以地理標誌保護範圍內的雲南大葉種曬青茶為原料，並在地理標誌保護範圍內採用特定的加工工藝成，具有獨特品質特徵的茶葉。」「普洱茶按加工工藝及品質特徵分為普洱茶（生茶）、普洱茶（熟茶）、兩種類型。按外觀形態分為普洱茶（熟茶）散茶、普洱茶（生茶、熟茶）緊壓茶。」

雲南宜良祥龍茶廠生產的普洱散茶與沖泡出來的茶色。

不同類型的普洱茶其加工工藝不同。

普洱茶（生茶）加工工藝為：曬青精→蒸壓成型→燥→包裝。

普洱茶（熟茶）散茶加工工藝為：曬青茶後發酵→燥→精→包裝。

普洱茶（熟茶）緊壓茶加工工藝分為兩種，第一種：普洱茶後發酵→燥→精→包裝；第二種：曬青茶精→蒸壓成型→燥→後發酵→普洱茶（熟茶）緊壓茶→包裝。

【第六章　黑茶】

普洱茶的製作

根據中國國頒標準，普洱茶（熟茶）散茶共分為六個等級，其特級品質特徵：外形條索緊細、勻整、色澤紅褐潤顯毫；內質陳香濃鬱；湯色紅豔明亮；滋味濃醇甘爽；葉底紅褐柔嫩。

　　規定普洱茶（生茶）緊壓茶品質特徵為：外形端正勻稱，鬆緊適度，不起層脫面，灑面茶應包心不外露，色澤墨綠；內質香氣清純；湯色明亮；滋味濃厚；葉底肥厚黃綠。

　　規定普洱茶（熟茶）緊壓茶品質特徵應為：外觀形狀與普洱茶（生茶）緊壓茶相同，色澤紅褐；內質香氣獨特陳香；

湯色紅濃明亮；滋味醇厚回甘；葉底紅褐。

目前茶學界對上述標準的評價有不同的聲音。

普洱茶在中國多次獲獎，內銷雲南、四川、廣東、西藏等省（區）。一九七三年以前，普洱茶出口由廣東口岸獨家經營，一九七三年自營出口，銷往港澳臺地區，並出口緬甸、泰國、日本、新加坡、馬來西亞、澳大利亞及歐美等國家。

廣東普洱茶及其品質特徵：

龍餅廣雲貢：原料是將廣東的大葉青早期在廣東發水渥堆，然後調到雲南拼配雲南特級普洱熟茶壓製而成。廣雲貢餅陳香濃鬱幽長；湯色紅濃明亮；滋味醇厚甘滑，有暖甜的韻味。

龍餅廣雲貢餅。

廣雲紅韻：原料為二十世紀九〇年代在廣州存放的廣東大葉青和雲南大葉青毛茶拼配，二〇一三年發往雲南壓製生餅。因原料已存放近二十年，所以成茶湯色紅豔；滋味醇厚甘甜。

大紅柑普（宮廷級）：原料是二十世紀九〇年代末廣東出口熟普原料，二〇一四年調到廣東新會採製成熟的優質大紅柑加工而成。陳年普洱的醇甜與新會柑果的清香配伍相得益彰，有助降脂養胃、祛濕除痰。

2、廣西六堡茶：歷史名茶，原產於廣西蒼梧縣六堡鄉的黑茶，故名，距今已有二百多年的歷史。據同治十三年（西元一八七四年）《蒼梧縣誌》卷十「物產」記載：「茶產多賢鄉六堡，味厚，隔宿不變。」在清朝嘉慶年間西元一七九六年～一八二〇年）因其香氣獨特，曾列為二十四款名茶之一而充作貢品。

除主產區蒼梧縣外，嶺溪、賀縣、橫縣、昭平、玉林等二十餘縣所產的毛茶，基本與六堡茶製法相似，統一集中在橫縣茶廠加工。

六堡茶採用傳統的竹簍包裝，通風透氣，有利於茶葉存

儲時內含物質轉化，使滋味變醇，湯色紅濃，陳香顯露。用六堡茶蒸製、壓模，可成六堡餅茶，六堡磚茶和六堡沱茶。

六堡茶初製工藝為：殺青→揉撚→渥堆→複揉→燥。複工藝為：過篩整形→揀梗揀片→拼堆→冷發酵→烘→上蒸→踩簍→晾置陳化。

六堡茶分為特、一至六級共七個等級，其品質特徵為：外形條索緊結，色澤黑褐光潤；內質香氣陳香高純，帶有特殊的檳榔香；湯色紅濃明亮似琥珀；滋味醇和爽口；葉底紅褐明亮。六堡茶耐儲存，越陳越好，越陳越香。

陳六堡茶具有紅、濃、醇、陳的品質特點，具有消暑祛濕、明目清心、幫助消化、和胃去脂的功效。因此港商常以「陳六堡」、「不計年」作為商標銷售。六堡茶也屬傳統僑銷黑茶，解放前「除在穗港銷售一部分外，其餘大部分銷南洋怡保及吉隆玻一帶。……南洋一帶的礦工，酷愛飲用六堡茶。」

廣西六堡茶歷史銷售曾高達一千五百噸左右，歷史上曾一度在香港市場上占主導地位。六堡茶在中國曾多次獲獎，主銷廣東、廣西、港澳地區，外銷東南亞。

，裝載六堡茶的茶簍。

六堡茶茶葉。

【第七章】

紅茶

　　紅茶是中國六大基本茶類之一，屬於全發酵茶，是中國主要出口的茶類之一。據《中國產業年鑒》統計，二〇一五年中國茶葉總產量是二百二十四萬九千噸，其中紅茶產量二十萬三千噸，占百分之九‧〇二，排在綠茶、烏龍茶之後，位居第三；中國茶葉出口量三十二萬五千噸，十三億八千一百五十九萬一千四百美元，紅茶出口二萬八千噸，二億六百三十四萬二千二百萬美元，分別占百分之八‧六二和百分之十四‧九三。

　　紅茶誕生於明代後期，最早出現的福建崇安縣（今武夷山市）的正山小種紅茶是世界上最早的紅茶，被譽為世界紅茶之祖。紅茶的加工技術經過江西的鉛河口，於西元一八七五年前後傳到了安徽祁門縣，出現了祁門紅茶，隨後產生了湖南的「湘紅」、福建的「閩紅」、江西的「寧紅」、湖北的「宜紅」、臺灣的「臺紅」。

紅茶。

據歷史文獻記載，清朝道光末至光緒初年是中國紅茶大發展的第一個高峰，「道光末，紅茶大盛，商民運以出洋，歲不下數十萬斤。」生產規模空前：「茶是方殷，貧家婦女相率入市揀茶，上自長壽，下至西鄉之晉坑、浯口，茶莊數十所，揀茶者不下二萬人。」[註1]

還出現了專門承辦紅茶的商號：「自丙子年（光緒二年，西元一八七六年）廣商林紫宸來（鶴峰）州辦紅茶，泰和合、謙慎安兩號設莊本城五里坪，辦運紅茶，載至漢口，兌易洋人，稱為高品。」[註2]

光緒中後期至民國時期，有的茶區出現了第一輪的「紅改綠」。一九四九年新中國成立後，為了打破帝國主義的經濟封鎖和償還外債，以吳覺農為總經理的中茶公司曾經到一

紅茶。

些茶區推動「綠改紅」的工作。改革開放以後，隨著出口的減少及名優綠茶的價格大幅提高，中國茶區又出現了第二輪的「紅改綠」。到了二十世紀末、二十一世紀初，隨著「金針梅」、「金駿眉」這些高檔紅茶的出現，而且隨著紅茶內銷市場的擴大，目前中國紅茶生產仍然處於上升的趨勢。

元泰公司生產的紅茶。

紅茶的品種有小種紅茶、工夫紅茶和紅碎茶三種。小種紅茶以福建崇安縣（今武夷山市）星村產的正山小種紅茶最為著名，而使用政和、坦洋的小種紅茶經煙熏仿的稱為「煙小種」或「人工小種」，品質略次。工夫紅茶大多以產地命名，如祁紅、滇紅、閩紅、川紅等。紅碎茶分為葉茶、碎茶、片茶、末茶四種。因為紅碎茶主要用於出口，所以這裡只介紹前兩種。

　　紅茶性溫熱，暖胃、散寒除濕，具有和胃、健脾、護肝等功效。近來有人研究，紅茶具有降低餐後血糖、防止帕金森病的作用。

　　註1：同治十三年（1874）《平江縣誌》卷二十，食貨志，物產。

　　註2：同治六年（1867）、光緒十一年（1885）《鶴峰州志》續修卷七，物產。

【第七章　紅　茶】

（一）小種紅茶

為福建省之特產。產於福建崇安縣（今武夷山市）桐木關者，稱「桐木關小種」；產於崇安、建陽、光澤三市縣高地茶園者，統稱「正山小種」；福安、閩侯、屏南、古田、政和等縣所產，以低級工夫紅茶為原料，經煙熏仿者，稱「人工小種」或「煙小種」。其特點是經松煙薰製後形成特有的品質風格。

正山小種紅茶。

1、正山小種紅茶：歷史名茶，產於福建崇安縣（今武夷山市）的條形煙熏紅茶。所謂正山，表明是真正高山地區所產之意，地理範圍是以武夷山廟灣、江墩為中心，北到江西鉛山石隴，南到武夷山曹墩百葉坪，東到武夷山大安村，西到光澤司前、乾坑，西南到邵武觀音坑，方圓約六百平方公里的範圍，該地區大部分在今福建武夷山國家級自然保護區內。因桐木關所產品質最優，又稱「桐木關小種」；又因集中於星村加工，故又稱「星村小種」。

正山小種紅茶產生的時間，姚月明先生最早提出是太平軍進駐星村鎮的時候，當為十九世紀中期。而鄒新球在其著作中考證，明後期（十七世紀初期），茶葉發酵技術首次在武夷山出現。

他引述被茶學專家張天福譽為「茶葉世家」之二十四代傳人江元勳講述其家族流傳有關紅茶產生的說法：明末某年製茶時，北方軍隊路過廟灣駐紮在茶廠，夜晚睡在茶青上，軍隊撤離後，茶青發紅，老闆心急如焚，把茶葉搓揉之後，用當地盛產的馬尾松柴塊進行烘乾。

正山茶有限公司特級正山小种。

烘乾的茶葉烏黑油潤，並帶有一股松脂香味。讓他意外的是市場上對這個新出現的茶大為歡迎，第二年竟有人出兩三倍的價錢前來訂購該茶。就這樣，世界上第一款紅茶——正山小種紅茶在武夷山誕生了，張天福為此給廟灣題詞「正山小種發源地」。

　　為疏理正山小種紅茶的產生、發展歷史，武夷山自然保護區管理局成立了「武夷正山小種紅茶史研究」課題組，由時任管理局副局長的鄒新球負責，吸收科學研究人員與保護區著名茶人郭雯飛、金昌善、江元勳、傅連新等一起完成了這一課題，於二○○五年八月，由駱少君、穆祥桐、葉興謂、方華英、周玉璠等人組成的專家委員會鑒定透過。該成果作為駱少君主編的中國名茶叢書之一，以《世界紅茶的

始祖——武夷正山小種紅茶》為書名於二〇〇六年五月，由
中國農業出版社出版發行。

金駿梅。

正山小種紅茶產生不久後，便被荷蘭東印度公司於西元一六一○年帶往歐洲。中國有關最早的記載為明末崇禎十三年（西元一六四○年）：「紅茶（有工夫茶，武夷茶，小種茶，白毫等）始由荷蘭轉至英倫。」

　　一六六二年，葡萄牙公主凱薩琳嫁給英皇查理二世時，帶了中國的紅茶作為嫁妝，掀起了英國皇家貴族飲中國茶的風潮。在婚禮上，法國皇后想瞭解這個紅色的汁液是什麼，

正山小种葉底。

派衛士潛入瞭解。由於凱薩琳的帶動，飲茶便成了英國皇室家庭生活的一部分，以致後來在英國形成了下午茶。

由於正山小種紅茶外銷量大增，所謂正山地區生產的成品茶已不能滿足市場日益高漲的需求，於是在政和、坦陽、屏南、古田、沙縣及江西鉛山等地首先出現了大量的仿品，以低級的工夫紅茶為原料，經煙熏仿，被稱為「外山小種」、「人工小種」或「煙小種」。

十九世紀紅茶外銷繼續大幅上升，一八八○年福建紅茶出口達到六十三萬五千七十二擔。此時僅福建生產的紅茶，已不能滿足出口的需求，一些外省開始生產紅茶。吳覺農先生研究認為：「福建紅茶的向外傳播，則可能是由崇安開始的，其傳播的主要路線，可能是先由崇安傳到江西鉛山的河口鎮，再由河口鎮傳到修水（過去義寧州的治所），後又傳到景德鎮（過去的浮梁縣），後來又由景德鎮傳到安徽的東至（指現在東至縣境內的原至德縣境），最後才傳到祁門。」這樣，紅茶茶類中逐漸出現了祁紅、滇紅、閩紅、宜紅、寧紅、湖紅、英紅、越紅、蘇紅等。

進入改革開放以後，茶葉市場擴大，為適應紅茶品飲者不同口味的需求，除傳統的煙熏正山小種紅茶外，現在武夷山又生產了非煙熏的正山小種紅茶。最近又有生產者利用高香品種加工正山小種紅茶，花香清高悠長，很受市場歡迎。

正山小種紅茶加工工藝為萎凋→揉撚→發酵→過紅鍋→複揉→熏焙→篩揀，其品質特徵：外形條索肥壯，緊結圓直，不帶芽毫，色澤烏黑油潤；內質香氣芬芳濃烈；湯色紅豔濃厚，有醇馥的松煙香和桂圓湯蜜棗味；葉底肥厚紅亮。正山小種紅茶可清飲或加奶和糖調飲，調飲時茶香不減。

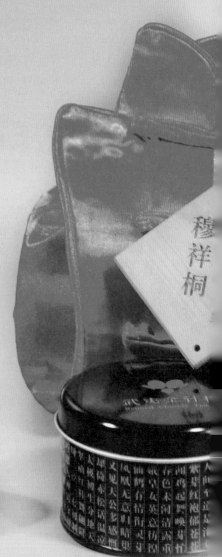

目前武夷山國家自然保護區正
山茶業有限公司為主要正山小種紅
茶的生產者，其產品分為特級、一
至三級共四個級別，其中二級茶用
於出口。

正山小種紅茶在中國多次獲
獎，原主銷英、德、荷蘭、瑞典等
國，現在中國也有很大的銷量。

神思金針梅公司生產的不同包裝的
金針梅。

正山小種紅茶。

正山小種紅茶茶葉。

【第七章 紅 茶】

（二）工夫紅茶

工夫紅茶主產於安徽、雲南、福建、湖南、四川、貴州、浙江、江蘇、廣東及臺灣等地的條形紅茶，因作精細，故名。十九世紀八〇年代以前是中國出口的傳統商品茶，遠銷世界六十多個國家和地區。

1、**祁紅**：祁門工夫紅茶的簡稱，歷史名茶，產於安徽祁門、東至、貴池、石台、黟縣的條形紅茶，因以祁門所產最優，故稱祁紅。創製於西元一八七五年。

祁門產茶歷史悠久，據咸通三年（西元八六二年）任歙州司馬的張途所言：「邑之編籍，民五千四百餘戶，其疆境亦不為小。山多而田少，水清而地沃。山且植茗，高下無遺土。千里之內，業於茶者七八矣。由是給衣食，供賦役，悉恃此祁之茗。色黃而香，賈客咸議，愈於諸方。每二三月，齎銀緡繒素求市，將貨他郡者，摩肩接跡而至。」^(註3)反映了唐代祁門

祁門紅茶。

茶業之盛，茶葉品質之優。

光緒元年（西元一八七五年），黟縣余乾臣自閩罷官回籍經商，在至德（今東至縣）開茶莊，仿「閩紅」試紅茶。一八七六年餘乾臣又到祁門，先後在曆口、閃裏等地設立紅茶分莊。同年，另一徽籍茶商胡元龍也在祁門開設第一家茶廠──胡日順，生產祁紅。

祁紅初製分萎凋→揉撚→發酵→烘等工序，精後分級。祁紅共分一至七級。

其品質特徵：外形條索細秀而稍彎曲，有鋒苗，色澤烏潤略帶灰光；內質香氣特徵最為明顯，帶有類似蜜糖或蘋果的香氣，持久不散；湯色紅亮；滋味鮮醇帶甜；葉底紅明亮。國外稱祁紅這種地域性香氣為「祁門香」，將祁紅與印度大吉嶺茶、斯里蘭卡烏伐的季節茶並稱為世界三大高香茶。

祁紅於一九一五年獲巴拿馬萬國博覽會金獎，一直是中國茶葉出口中的佼佼者。祁紅在中國多次獲獎，除內銷外，外銷英國、德國、法國、荷蘭、丹麥、瑞士、瑞典、愛爾蘭、芬蘭、義大利、澳大利亞、加拿大、美國、日本、新加坡等國家和地區。

註3：《全唐文》卷八百二，張途：《祁門縣新修閶門溪記》。

2、滇紅：雲南工夫紅茶的簡稱，歷史名茶，產於雲南臨滄、保山、思茅、西雙版納、德宏、紅河的條形紅茶。創製於西元一九三九年。

一九三八年中國茶葉公司派馮紹裘、范和鈞等人到雲南順寧（今鳳慶）、佛海（今勐海）等地考察，於一九三九年籌建順寧實驗茶廠（鳳慶茶廠前身），一九四○年成立佛海實驗茶廠（猛海茶廠前身），先後於一九三九年、一九四○年使用雲南大葉種鮮葉試紅茶成功，取名「雲紅」。該茶甫一面市，便因「形美、色豔、香高、味濃」而獲得英國倫敦市場茶師的好評。一九四○年，雲南茶葉貿易公司採納香港富華公司建議，將「雲紅」改名「滇紅」，沿用至今。

雲南滇紅。

滇紅加工初製為萎凋→揉撚→發酵→燥；精製分四條線路經篩分、拼合而成。

滇紅成品茶分為特級、一至六級共七級。品質特徵：外形條索肥壯緊結重實，勻整，色澤烏潤帶紅褐，金毫特多；內質香氣高鮮；湯色紅豔帶金圈；滋味醇厚刺激性強；葉底肥厚，紅豔鮮明。

滇紅茶在中國多次獲獎，主銷廣東、遼寧、內蒙古、北京、上海、新疆、西藏等省（自治區）、市，外銷俄羅斯、東歐、西歐、北美等三十多個國家和地區。

【第七章 紅 茶】

金絲滇紅。

雲南生產的滇紅茶葉。

【第七章　紅　茶】

3、**閩紅**：福建三大工夫紅茶的總稱，包括政和工夫紅茶、白琳工夫紅茶、坦洋工夫紅茶。

（1）**政和工夫紅茶**：歷史名茶，產於福建政和、松溪及浙江慶元高山茶區的條形紅茶。其歷史核心產區是以政和遂應場（今錦屏村）為中心，包括高山區的新康、牛途、澄源、鎮前一帶。福建三大工夫紅茶中最具高山茶品質特徵的條形紅茶。

據福建著名茶人林應忠考證，政和工夫紅茶創製於十九世紀初。其最初是受武夷山正山小種紅茶的影響在今政和縣

政和工夫紅茶。

鐵山鄉的遂應場的仙岩山出現了「仙岩茶」，西元一八〇〇年，政和縣遂應場已盛產中外馳名的遂應場工夫紅茶。由於該茶品質優異，深受英、美、德、俄等國家茶人的歡迎，以至於在英國市場上出現了假茶。為此，茶廠在一九二六年用英文印了《政和工夫紅茶在英國的打假聲明》。

英德生產的英紅九號紅茶

　　【第七章 紅茶】

現在的政和工夫紅茶原料使用政和大白茶和政和小茶（菜茶）拼合而成。其初製工藝為萎凋→揉撚→發酵→燥四個 工序。

其品質特徵：外形條索肥壯重實，色澤烏潤，芽毫顯露；內質香氣濃鬱芳香，具有紫羅蘭香氣；湯色紅濃豔亮，金圈明顯；滋味醇厚，回甘持久，高山韻明顯，耐沖泡；葉底肥壯，紅豔柔軟。

坦洋工夫紅茶。

政和工夫紅茶在中國與國外多次獲獎，內銷北京、天津、上海、廣州、深圳、香港、澳門及山東、東北地區；曾為福建主要出口紅茶之一，外銷英國、美國、加拿大、日本及中東各國。

英德生產的英紅九號紅茶葉底。

（2）**坦洋工夫紅茶**：歷史名茶，清朝咸豐、同治年間（西元一八五一年～一八七四年），福安縣坦洋村胡福四（又名胡進四）試成功，故名。隨著市場需求的不斷增加，產區逐漸擴展到福安全縣、壽寧、周寧、霞浦、柘榮等縣。

坦洋工夫紅茶採用一芽二三葉的原料，經萎凋→揉撚→發酵→烘成。

其品質特徵：外形條索細薄而飄，帶白毫，色澤烏黑有光；

內質香氣稍低；湯色呈深金黃色；滋味清鮮甜和；葉底光滑。

坦洋工夫紅茶於一九一五年獲巴拿馬萬國博覽會金獎，而後在中國與國外多次獲獎，福建近現代主要出口的紅茶。坦洋工夫紅茶內銷北京、上海、廣州、太原、銀川、福州、濟南等大中城市，外銷英國、德國、日本、韓國、東歐及俄羅斯等地區和國家。

（3）**白琳工夫紅茶**：歷史名茶，閩紅工夫紅茶之一，十九世紀五〇年代前後創製於福建福鼎太姥山麓的白琳、翠郊、磻溪、黃崗、湖林等村，因以白琳為集散地，故名。

泰茶有限公司生產的白琳功夫茶葉葉底。

最初使用小葉種，十九世紀後期逐漸改用福鼎大白茶。在二十世紀初葉，福鼎「合茂智」茶號精選大白茶幼嫩芽葉成的工夫紅茶取名「橘紅」，是白琳高級工夫紅茶的代表，在國際市場上享有盛譽。

　　白琳功夫茶採摘一芽二三葉的原料，經萎凋→揉撚→發酵→烘成。該茶品質特徵：外形條索細長彎曲，多白毫，帶顆粒狀，色澤黃黑；內質香氣純而帶甘草香；湯色淺而明亮；滋味清鮮稍淡；葉底鮮紅帶黃。

泰茶有限公司生產的白琳功夫茶葉茶湯。

（4）**日月潭紅茶**：主產於臺灣南投縣魚池鄉的條形工夫紅茶。該地一百多年前便以小葉種造紅茶，西元一九二五年從印度引進阿薩姆品種試成功後，所製的紅茶與印度、斯里蘭卡的高級紅茶不分上下。該茶初製工藝萎凋→揉撚→發酵→燥。其品質特徵：外形條索緊結，色澤深褐；香氣醇和甘潤，湯色紅豔明亮；滋味濃醇鮮爽。該茶外銷美國、英國、新加坡、荷蘭等國。

日月潭紅茶。

日月潭。

其他紅茶表

名稱	產地	品質特徵
金針梅	福建武夷山市	外形條索緊結勻整，毫顯；色澤金黃油潤；內質香氣清爽，鮮甜持久；湯色金黃鮮豔，金圈寬厚、明顯；滋味濃厚醇和，回味儁永；葉底柔軟鮮紅。
金駿眉	福建武夷山市	外形條索緊細，儁茂、重實，絨毛密佈，色澤金、黃、黑相間，色潤；具有複合型花果香、桂圓乾香，高山韻明顯，具有紅薯香；湯色金黃濃鬱，清澈有金圈；滋味醇厚，甘甜爽滑，高山韻味持久，桂圓味濃；葉底呈金針狀，勻整，儁拔，呈古銅色。
川紅	主產於四川宜賓、筠連、高縣、珙縣等地	外形條索緊結壯實美觀，有鋒苗，多毫，色澤烏潤；內質香氣鮮而帶橘子香；湯色紅亮；滋味鮮醇爽口；葉底紅明勻整。
宜紅	湖北宜昌、恩施	外形條索細緊有毫，色澤灰而帶紅；內質香氣清鮮；湯色紅亮稍淺；滋味尚濃略甜；葉底開展。
英紅九號	廣東英德	外形條索肥壯，色澤烏潤，金毫豐韻；湯色紅豔明亮；滋味濃醇回甘，甜香花香清高；葉底肥厚柔軟。

參考書目

【1】 中國農業百科全書總編輯委員會茶業卷編輯委員會編：《中國農業百科全書・茶業卷》，農業出版社，1988年12月。

【2】 王鎮恒、王廣智主編：《中國名茶志》，中國農業出版社，2000年12月。

【3】 陳宗懋主編：《中國茶業大辭典》，中國輕工業出版社，2000年12月。

【4】 劉勤晉著：《中國普洱茶之科學讀本》，廣東旅遊出版社，2005年出版。

【5】 鄒新球主編：《世界紅茶的始祖——武夷正山小種紅茶》，中國農業出版社，2006年5月。

【6】 黃瑞光、黃柏梓、桂埔芳、吳偉新著：《鳳凰單欉》，中國農業出版社，2006年6月。

【7】 林良、陳小憶編著：《中國茶療》（第二版），中國農業出版社，2006年8月。

【8】 李紅兵著：《四川南路邊茶》，中國方正出版社，2007年6月。

【9】 葉啟桐主編：《名山靈芽——武夷岩茶》，中國農業

出版社，2008 年 5 月。

【10】施兆鵬主編：《茶葉審評與檢驗》（第四版），中國農業出版社，2010 年 8 月。

【11】林應忠主編：《政和工夫紅茶》，中國農業出版社，2010 年 9 月。

【12】王鎮恒、詹羅九編著：《茶學知識讀本》，中國農業出版社，2011 年 11 月。

【13】徐慶生、祖帥著：《名門雙姝——金針梅、金駿眉》，中國農業出版社，2012 年 8 月。

【14】肖力爭、盧躍、李建國編著：《安化黑茶知識手冊》，湖南人民出版社，2012 年 9 月。

【15】安徽農學院主編：《製茶學》（第二版），中國農業出版社，2013 年 6 月。

【16】華僑茶業發展研究基金會編著：《茶道養生師》，中國工人出版社，2016 年 5 月。

【17】中國茶業年鑒編輯委員會編：《中國茶業年鑒（2008）》、《中國茶業年鑒（2009～2010）》、《中國茶業年鑒（2011～2016）》，中國農業出版社，2009 年，2011 年，2016 年。

國家圖書館出版品預行編目資料

識 茶／穆祥桐著.
　　－－第一版－－臺北市：宇炯文化 出版；
　紅螞蟻圖書發行，2019.9
　　　面　；　公分－－(茶風；30)
　　ISBN 978-986-456-315-9（平裝）

1.茶葉 2.製茶 3.茶藝

439.4　　　　　　　　　　　　108010842

茶風 30

識 茶

作　　　者／穆祥桐
發 行 人／賴秀珍
總 編 輯／何南輝
文字整理／孫健
圖片攝影／范毓慶、何南輝
美術構成／沙海潛行
封面設計／引子設計
出　　　版／宇炯文化出版有限公司
發　　　行／紅螞蟻圖書有限公司
地　　　址／台北市內湖區舊宗路二段121巷19號(紅螞蟻資訊大樓)
網　　　站／www.e-redant.com
郵撥帳號／1604621-1　紅螞蟻圖書有限公司
電　　　話／(02)2795-3656（代表號）
傳　　　真／(02)2795-4100
登 記 證／局版北市業字第1446號
法律顧問／許晏賓律師
印 刷 廠／卡樂彩色製版印刷有限公司
出版日期／2019年 9 月　第一版第一刷

定價 350 元　　港幣 117 元

ISBN　978-986-456-315-9　　　　　　Printed in Taiwan